抽水蓄能产业
发展报告

2022

DEVELOPMENT REPORT
OF PUMPED STORAGE INDUSTRY

水电水利规划设计总院
中国水力发电工程学会抽水蓄能行业分会　编

U0291606

中国水利水电出版社
www.waterpub.com.cn
· 北京 ·

图书在版编目（ＣＩＰ）数据

抽水蓄能产业发展报告. 2022 / 水电水利规划设计
总院，中国水力发电工程学会抽水蓄能行业分会编. --
北京 ： 中国水利水电出版社，2023.7
ISBN 978-7-5226-1574-5

Ⅰ．①抽… Ⅱ．①水… ②中… Ⅲ．①抽水蓄能水电
站－产业发展－研究报告－中国－2022 Ⅳ．①TV743

中国国家版本馆CIP数据核字(2023)第112392号

书　　　名	**抽水蓄能产业发展报告 2022** CHOUSHUI XUNENG CHANYE FAZHAN BAOGAO 2022
作　　　者	水 电 水 利 规 划 设 计 总 院　编 中国水力发电工程学会抽水蓄能行业分会
出 版 发 行	中国水利水电出版社 （北京市海淀区玉渊潭南路 1 号 D 座　100038） 网址：www.waterpub.com.cn E-mail：sales@mwr.gov.cn 电话：(010) 68545888（营销中心）
经　　　售	北京科水图书销售有限公司 电话：(010) 68545874、63202643 全国各地新华书店和相关出版物销售网点
排　　　版	中国水利水电出版社微机排版中心
印　　　刷	天津嘉恒印务有限公司
规　　　格	210mm×285mm　16 开本　11.25 印张　253 千字　8 插页
版　　　次	2023 年 7 月第 1 版　2023 年 7 月第 1 次印刷
印　　　数	0001—3000 册
定　　　价	**298.00 元**

凡购买我社图书，如有缺页、倒页、脱页的，本社营销中心负责调换

编 委 会

前　言

当前，中国正处在实现中华民族伟大复兴的关键时期，世界百年未有之大变局加速演进，全球新一轮能源革命和科技革命深度演变、方兴未艾，大力发展可再生能源已成为全球能源转型和应对气候变化的重大战略方向和一致宏大行动。为践行人类命运共同体理念，展现负责任大国担当，中国作出庄严承诺，提出二氧化碳排放力争于 2030 年前达到峰值，努力争取 2060 年前实现碳中和的发展目标。

打赢碳达峰碳中和攻坚战，主阵地在能源，主力军是可再生能源。为了大力推动风、光等可再生能源发展，必须要大幅提升电力系统调节和储能能力。抽水蓄能是当前技术最成熟、经济性最优、安全性最优、最具大规模开发条件的电力系统灵活调节电源和储能设施，与风电、太阳能发电、核电等联合运行效果最好。加快发展抽水蓄能，是构建新型电力系统的迫切要求，是保障电力系统安全稳定运行的重要支撑，是可再生能源大规模发展的重要保障。同时，抽水蓄能项目投资规模大，产业链条长，带动作用强，经济、生态和社会等综合效益显著。六十载厚积薄发，抽水蓄能已经成为推动中国能源转型、保障能源安全、带动经济发展的重要力量。

党的十八大以来，随着新能源装机容量快速增加，抽水蓄能规模快速增长，煤电机组功能逐步调整，抽水蓄能在新型电力系统中可以发挥基础性调节作用、综合性保障作用和公共性服务作用，抽水蓄能未来大有可为。我们将以可再生能源快速发展为契机，紧扣新型电力系统建设的需要，充分发挥好抽水蓄能的优势，以更好、更快、更强的发展举措，全力保障能源安全，助力实现中国绿色低碳转型，"碳"路未来。

2022 年是"十四五"的第二年，是党的二十大胜利召开之年，是擘画了全面建设社会主义现代化国家、以中国式现代化全面推进中华民族伟大复兴的宏伟蓝图的重要一年。党的二十大报告中提出"积极稳妥推进碳达峰碳中和"，是中国能源发展的根本遵循。在党中央、国务院的坚强领导下，抽水蓄能行业深入学习贯彻党的二十大精神，锚定碳达峰碳中和目标，围绕规划建设新型能源体系，奋发有为、笃行不怠，推动中国抽水蓄能事业实现新突破、迈上新台阶、进入新阶段。

2022年是抽水蓄能发展提档增速的一年。随着吉林敦化、浙江长龙山、山东沂蒙等抽水蓄能项目陆续投产发电，新增投产装机规模880万kW，创历史新高；全年实现新核准抽水蓄能项目48个，装机规模6890万kW，超过"十三五"时期全部核准规模。截至2022年年底，抽水蓄能已建、在建装机规模达到1.6亿kW；同时，还有接近2亿kW的抽水蓄能电站正在开展前期勘察设计工作。

2022年是载入抽水蓄能发展史的一年。为了全面总结抽水蓄能发展成就和经验，水电水利规划设计总院联合中国水力发电工程学会抽水蓄能行业分会，在国网新源控股有限公司、南方电网储能股份有限公司、中国三峡建工（集团）有限公司，以及中国电力建设集团有限公司所属的北京、中南、华东、西北、成都、贵阳、昆明勘测设计研究院有限公司等相关单位的大力支持下，《抽水蓄能产业发展报告2022》几易其稿，终于得以付梓。

《抽水蓄能产业发展报告2022》是中国抽水蓄能行业第2个年度发展报告。报告坚持深入贯彻落实"四个革命、一个合作"能源安全新战略，立足于做好碳达峰碳中和工作的新任务、新要求，对中国抽水蓄能产业发展状况进行了全面总结，介绍了抽水蓄能电站建设管理体系、工程建设技术以及装备制造情况，回顾了2022年抽水蓄能电站建设、运行情况，对2022年出台的主要抽水蓄能政策进行了解读，展望了2023年度发展情况。在报告编写过程中，得到了能源主管部门、相关企业、有关机构的大力支持和指导，在此谨致衷心感谢！

"南连百越，北尽三河""万物勃发，生机盎然"，这就是中国抽水蓄能发展的生动写照，也是我们对抽水蓄能未来发展的期盼！

抽水蓄能高质量发展的新时代已经到来！

我们坚信，中国抽水蓄能事业发展一定会越来越好！

作者

2023年6月

目　录

1 发展综述

1.1　国际概况

2022 年全球新增抽水蓄能装机容量 1030 万 kW。截至 2022 年年底，抽水蓄能装机容量达到 17506 万 kW，同比增长 6.3%。其中，中国抽水蓄能装机容量约占 26.2%，居世界首位；日本、美国装机容量分列二、三位，占比分别约为 15.7%、12.6%；紧随其后的是意大利（4.5%）、德国（3.7%）、西班牙（3.5%）、奥地利（3.2%）、法国（2.9%）、韩国（2.7%）与印度（2.7%）。全球抽水蓄能装机容量排名前十的国家及其装机容量如图 1.1 所示。

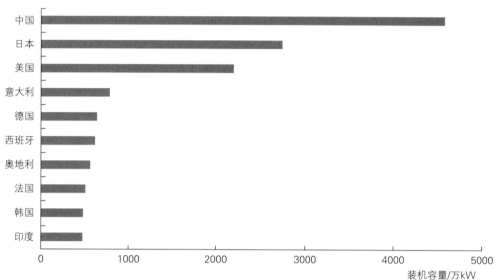

图 1.1　全球抽水蓄能装机容量排名前十的国家及其装机容量

在当今全球储能市场发展中，抽水蓄能占据绝对领先地位，为目前全球装机规模最大、技术最成熟的储能方式，电站可发挥较长时间的储能作用，与核电、风电、太阳能发电等配合运行良好，可促进风能和太阳能的大规模开发和高比例消纳。

1.2　发展形势

1.2.1　国际形势

大力发展可再生能源已成为能源转型和应对气候变化的全球共识。根据国际能源署预测，到 2025 年，可再生能源发电将占全球总发电量净增长的 95%，将超过煤炭成为全球最大的发电来源，提供全球约 1/3 的电力，其中太阳能发电和风电将分别占可再生能源新增装机容量的 60% 和 30%。在政策支持及技术进步等影响下，以风电、太阳能发

电为代表的新能源呈现性能快速提高、经济性持续提升、应用规模加速扩大的态势。风电和太阳能发电出力具有随机性、波动性、间歇性，其大规模开发和高比例消纳需要电力系统配备灵活调节电源和储能调节措施。

燃气轮机发电是比较理想的调峰电源，具有快速响应电网调度信号、高效燃烧释放能量并发电、广泛适应不同的用电端负荷等优点，在欧美等国家承担主要调峰电源的角色。2022年，乌克兰危机使得国际石油天然气市场受到剧烈冲击，从能源安全的角度，对于天然气储备量少、需要大量依靠进口的国家来说，国际石油天然气市场的动荡无疑令依靠燃气轮机发电来解决电力系统灵活性问题的方案充满了不确定性。

抽水蓄能具有调峰、填谷、储能、调频、调相和备用等多种功能，在煤电发展受限和气源保障困难的情况下，其在保障全球电力系统安全运行和促进新能源大规模发展方面的重要性日益突出。

1.2.2　国内形势

2022年4月，国家发展改革委、国家能源局联合印发通知，部署加快"十四五"时期抽水蓄能项目开发建设，中国抽水蓄能发展的脚步进一步加快。

（1）又好又快高质量发展格局初步形成

随着抽水蓄能项目的增多，省级层面开始研究本省抽水蓄能项目管理措施，西藏自治区、青海省陆续出台《西藏自治区抽水蓄能项目建设管理暂行办法》《青海省抽水蓄能项目管理办法（暂行）》，对规范抽水蓄能项目开发、实现抽水蓄能全生命周期管理、推动抽水蓄能高质量发展具有重要作用。

（2）全产业链协调发展机制基本建立

以中国水力发电工程学会抽水蓄能行业分会的成立为标志，中国抽水蓄能全产业链协调发展机制基本建立。抽水蓄能行业分会秉承"两服务、两推动"宗旨，成员主要包括抽水蓄能投资、设计、施工、装备制造企业及高等院校和科研机构等，以分会为平台，建立行业内常态化协调机制，对行业重大问题和共性问题开展协调衔接；发挥分会全产业链优势，开展产业发展监测，及时掌握动态，为政府决策、产业评估、会员投资等提供支撑。

（3）发挥调节作用支撑新能源大基地规划建设

2022年，国家发展改革委、国家能源局陆续印发《以沙漠、戈壁、荒漠地区为重点的大型风电光伏基地规划布局方案》《关于开展全国主要流域可再生能源一体化规划研究工作有关事项的通知》，以沙漠、戈壁、荒漠地区为重点的大型风电光伏基地和主要流域水风光一体化基地的建设亟需配套抽水蓄能等调节储能电源，以提高可再生能源综合开发经济性和通道利用率，提升风电光伏开发规模、竞争力和发展质量，加快可再生能源

大规模高比例发展进程。

1.3 国内概况

2022 年，国内新增投产抽水蓄能装机容量 880 万 kW，创历史新高，包括吉林敦化（35 万 kW）、浙江长龙山（105 万 kW）、山东沂蒙（60 万 kW）、广东阳江（80 万 kW）、广东梅州（90 万 kW）、黑龙江荒沟（90 万 kW）等。截至 2022 年年底，全国抽水蓄能投产总装机容量达到 4579 万 kW。

2022 年，全国新核准抽水蓄能电站 48 座，核准总装机规模 6890 万 kW，是历年来核准规模最大的一年，年度核准规模超过之前 50 年投产的总规模。截至 2022 年年底，抽水蓄能电站在建总装机规模为 1.21 亿 kW。

2 站点资源

中国抽水蓄能站点资源丰富，分布范围广。总体来看，通过抽水蓄能选点规划或规划调整、抽水蓄能中长期规划等阶段的工作，初步摸清了全国资源量。在此基础上，为做好新增项目纳入抽水蓄能中长期发展规划（以下简称"新增项目纳规"）的工作，各省（自治区、直辖市）又进一步开展站点资源调查，对全国资源量进行补充。

选点规划阶段。这个阶段资源量的摸排比较精细，在区域范围内，经过技术经济综合比较，采取优中选优的方式选择可重点开发的项目。这个阶段资源量更加强调可开发量，不太关注总体资源潜力，且多以小区域、局部范围为主。2009年以前，抽水蓄能站点普查多以负荷中心的市、县为单位，在小区域范围内开展精细化资源调查。其特点是资源调查总量小，但项目可实施性较强。2009—2020年期间，国家能源局组织相关单位以省（自治区、直辖市）为单位开展选点规划或规划调整工作，系统进行资源普查，并统筹考虑系统需求、项目布局、工程建设条件等因素进行站点比选，提出规划实施推荐站点和备选站点，保障抽水蓄能有序开发。

中长期规划阶段。在如期实现碳达峰碳中和、构建以新能源为主体的新型电力系统等发展目标下，全国风电、光伏发电等新能源迎来大规模高比例高质量发展，对电力系统灵活调节能力提出了更高要求和更大需求。2020年下半年以来，参照《抽水蓄能电站选点规划技术依据》《抽水蓄能电站选点规划编制规范》等技术要求，在全国范围内全面开展站点资源调查工作，其中部分已开展过选点规划的省（自治区、直辖市）在选点规划成果基础上，进一步全面开展站点资源复查；未开展过系统性选点规划的省（自治区、直辖市）有重点地开展站点资源普查工作。

新增项目纳规阶段。2021年8月《抽水蓄能中长期发展规划（2021—2035年）》印发实施后，部分省（自治区、直辖市）结合本地区新能源发展和新型电力系统需求，又开展了抽水蓄能站点资源调查工作，进行现场查勘，按照相关要求编制项目初步分析报告，识别核查生态保护红线等环境限制因素，开展新增项目纳规申请工作。

2.1 选点规划

2.1.1 选点规划工作

20世纪80年代中期，为了研究解决电网调峰困难的问题，广东省、华北电网、华东电网等地区有关单位组织开展了重点区域的抽水蓄能站点资源调查和规划选点工作，相继提出了广东广州、北京十三陵、浙江天荒坪、山东泰安等一批抽水蓄能站点。20世纪90年代，华中、东北等区域电网也开展了部分区域的抽水蓄能站点资源调查和规划选点工作。进入21世纪后，随着中国经济社会持续加快发展，工业化水平逐年提高，电力

系统发展也进入了一个新时期，风能、太阳能等新能源及核能等非化石能源开发利用不断提升，为保障电力系统安全稳定经济运行，提升风电和太阳能发电等新能源消纳，保障核电的安全运行，对抽水蓄能等电力系统调节电源提出了更高要求和更大需求，抽水蓄能选点规划工作亟待规范和加强。

2009年8月，国家能源局在山东省泰安市召开了抽水蓄能电站建设工作座谈会，对加快中国抽水蓄能的发展起到了积极促进作用。为落实会议精神，2009—2013年，国家能源局组织水电水利规划设计总院、国家电网公司和南方电网公司等单位，在华北、东北、华东、华中、西北和南方等区域开展了新一轮抽水蓄能电站选点规划工作，在以往工作成果的基础上，针对2020年水平年有新增抽水蓄能电站需求的22个省（自治区、直辖市），开展了全面、系统的选点规划工作，筛选出一批规模适宜、建设条件较好的抽水蓄能站点，取得了丰富的成果。自2011年5月至2013年年底，陆续完成了22个省（自治区、直辖市）的选点规划成果的审查和批复，共推荐站点59个，总装机容量为7485万kW。此外，为保证后续发展，还明确了14个备选站点，总装机容量为1660万kW，见表2.1。

华北电网区域选择了13个推荐站点，装机规模合计1860万kW，分别是河北丰宁（360万kW）、易县（120万kW）、抚宁（120万kW），山东文登（180万kW）、泰安二期（180万kW）、沂蒙（120万kW）、莱芜（100万kW）、海阳（100万kW）、潍坊（100万kW），山西垣曲（120万kW）、浑源（120万kW），内蒙古美岱（120万kW）、乌海（120万kW）；选择了2个备选站点，装机规模合计180万kW，分别为山西交城（120万kW）、内蒙古锡林浩特（60万kW）。

东北电网区域选择了8个推荐站点，装机规模合计960万kW，分别是黑龙江尚志（100万kW）、五常（120万kW），吉林蛟河（120万kW）、桦甸（120万kW），辽宁清原（180万kW）、庄河（80万kW）、兴城（120万kW），内蒙古芝瑞（120万kW）；选择了5个备选站点，装机规模合计520万kW，分别为黑龙江依兰（120万kW），吉林通化（80万kW），辽宁大雅河（140万kW），内蒙古牙克石（80万kW）、索伦（100万kW）。

华东电网区域选择了15个推荐站点，装机规模合计2085万kW，分别是浙江长龙山（210万kW）、宁海（140万kW）、缙云（180万kW）、磐安（100万kW）、衢江（120万kW），江苏句容（135万kW）、竹海（180万kW）、连云港（100万kW），福建厦门（120万~140万kW）、永泰（120万kW）、周宁（120万kW），安徽金寨（120万kW）、桐城（120万kW）、绩溪（180万kW）、宁国（120万kW）；选择了4个备选站点，装机规模合计660万kW，分别为浙江泰顺（120万kW）、天台（180万kW）、建德（240万kW）、桐庐（120万kW）。

华中电网区域选择了12个推荐站点，装机规模合计1420万kW，分别是河南大鱼沟（120万kW）、宝泉二期（120万kW）、花园沟（120万kW）、五岳（100万kW），湖北大

表 2.1　全国抽水蓄能电站选点规划成果汇总表

序号	区域电网	省（自治区、直辖市）	推荐站点	备选站点（后备、储备）	批复文号	批复时间	编制单位
1	华北	河北	丰宁（360 万 kW）		国能新能〔2012〕361 号	2012 年 11 月	北京勘测设计研究院有限公司
2			易县（120 万 kW）				
3			抚宁（120 万 kW）				
4		山东	文登（180 万 kW）		国能新能〔2011〕364 号	2011 年 11 月	
5			泰安二期（180 万 kW）				
6			沂蒙（120 万 kW）				
7			莱芜（100 万 kW）				
8			海阳（100 万 kW）				
9			潍坊（100 万 kW）				
10		山西	垣曲（120 万 kW）	交城（120 万 kW）	国能新能〔2013〕309 号	2013 年 8 月	
11			浑源（120 万 kW）				
12		内蒙古（蒙西）	美岱（120 万 kW）	锡林浩特（60 万 kW）	国能新能〔2012〕335 号	2012 年 10 月	
13			乌海（120 万 kW）				
14	东北	黑龙江	尚志（100 万 kW）	依兰（120 万 kW）	国能新能〔2013〕349 号	2013 年 9 月	北京勘测设计研究院有限公司
15			五常（120 万 kW）				
16		吉林	蛟河（120 万 kW）	通化（80 万 kW）	国能新能〔2013〕409 号	2013 年 11 月	
17			桦甸（120 万 kW）				
18		辽宁	清原（180 万 kW）				
19			庄河（80 万 kW）	大雅河（140 万 kW）	国能新能〔2013〕500 号	2013 年 12 月	
20			兴城（120 万 kW）				
21		内蒙古（蒙东）	芝瑞（120 万 kW）	牙克石（80 万 kW）索伦（100 万 kW）	国能新能〔2012〕335 号	2012 年 10 月	

续表

序号	区域电网	省（自治区、直辖市）	推荐站点	备选站点（后备、储备）	批复文号	批复时间	编制单位
22	华东	浙江	长龙山（210万kW）	秦顺（120万kW）	国能新能[2013]167号	2013年4月	华东勘测设计研究院有限公司
23			宁海（140万kW）	天合（180万kW）			
24			缙云（180万kW）	建德（240万kW）			
25			磐安（100万kW）	桐庐（120万kW）			
26			衢江（120万kW）				
27		江苏	句容（135万kW）		国能新能[2012]189号	2012年6月	
28			竹海（180万kW）				
29			连云港（100万kW）				
30		福建	厦门（120万～140万kW）		国能新能[2011]154号	2011年5月	
31			永泰（120万kW）				
32			周宁（120万kW）				
33		安徽	金寨（120万kW）		国能新能[2011]363号	2011年11月	
34			桐城（120万kW）				
35			绩溪（180万kW）				
36			宁国（120万kW）				
37	华中	河南	大鱼沟（120万kW）		国能新能[2013]518号	2013年12月	中南勘测设计研究院有限公司
38			宝泉二期（120万kW）				
39			花园沟（120万kW）				
40			五岳（100万kW）				
41		湖北	大幕山（120万kW）	紫云山（120万kW）	国能新能[2012]362号	2012年11月	
42			上进山（120万kW）				
43		湖南	安化（120万kW）		国能新能[2012]188号	2012年6月	
44			平江（120万kW）				

续表

序号	区域电网	省（自治区、直辖市）	推荐站点	备选站点（后备、储备）	批复文号	批复时间	编制单位
45	华中	江西	洪屏二期 (120万kW)	赣县 (120万kW)	国能新能 [2013] 283号	2013年7月	华东勘测设计研究院有限公司
46			奉新 (120万kW)				
47		重庆	蟠龙 (120万kW)		国能新能 [2012] 71号	2012年3月	中南勘测设计研究院有限公司
48			栗子湾 (120万kW)				
49	西北	陕西	镇安 (120万kW)		国能新能 [2011] 304号	2011年9月	
50		甘肃	昌马 (120万kW)				
51			大古山 (120万kW)		国能新能 [2013] 20号	2013年1月	西北勘测设计研究院有限公司
52		宁夏	牛首山 (80万kW)		国能新能 [2013] 519号	2013年12月	
53		新疆	阜康 (120万kW)	阿克陶 (60万kW)	国能新能 [2012] 49号	2012年2月	
54			哈密天山 (120万kW)				
55	南方	广东	梅州 (一期120万kW/规划240万kW)				广东省水利电力勘测设计研究院、广东省电力设计研究院、中南勘测设计研究院有限公司
56			阳江 (一期120万kW/规划240万kW)		国能新能 [2011] 350号	2011年10月	
57			新会 (120万kW)				
58		海南	琼中 (大丰) (60万kW)		国能新能 [2011] 155号	2011年5月	中南勘测设计研究院有限公司
59			三亚 (羊林) (60万kW)				
全国合计			7485万kW	1660万kW			

幕山（120万kW）、上进山（120万kW），湖南安化（120万kW）、平江（120万kW），江西洪屏二期（120万kW）、奉新（120万kW）、重庆蟠龙（120万kW）、栗子湾（120万kW）；选择了2个备选站点，装机规模合计240万kW，分别为湖北紫云山（120万kW）、江西赣县（120万kW）。

西北电网区域选择了6个推荐站点，装机规模合计680万kW，分别是陕西镇安（120万kW），甘肃昌马（120万kW）、大古山（120万kW），宁夏牛首山（80万kW），新疆阜康（120万kW）、哈密天山（120万kW）；选择了1个备选站点，为新疆阿克陶（60万kW）。

南方电网区域选择了5个推荐站点，装机规模合计480万kW，分别是广东梅州（一期120万kW/规划240万kW）、阳江（一期120万kW/规划240万kW）、新会（120万kW），海南琼中（大丰）（60万kW）、三亚（羊林）（60万kW）。

2.1.2 选点规划调整工作

在选点规划工作基础上，针对2025年、2030年规划水平年抽水蓄能发展需要，"十三五"期间，国家能源局组织开展了12个省（自治区）的抽水蓄能电站选点规划或规划调整工作，新增一批规模适宜、建设条件较好的抽水蓄能站点，其中广西、青海、贵州3省（自治区）开展选点规划工作，山东、湖北、福建、新疆、浙江、安徽、河北、辽宁、河南等9个省（自治区）进行选点规划调整。截至2020年年底，国家能源局复函同意福建、广西、安徽、浙江、青海、贵州、河北、湖北等8个省（自治区）抽水蓄能电站选点规划或规划调整报告，新增推荐站点22个，总装机容量为2990万kW，见表2.2。

华北电网区域新增3个推荐站点，装机规模合计320万kW，分别是河北尚义（140万kW）、徐水（60万kW）、滦平（120万kW），规划水平年为2030年。

华东电网区域新增12个推荐站点，装机规模合计1670万kW，分别是浙江衢江（120万kW）、磐安（120万kW）、泰顺（120万kW）、天台（170万kW）、建德（240万kW）、桐庐（120万kW），安徽桐城（120万kW）、宁国（120万kW）、岳西（120万kW）、石台（120万kW）、霍山（120万kW），福建云霄（180万kW），规划水平年为2025年。

华中电网区域新增3个推荐站点，装机规模合计400万kW，分别是湖北大幕山（120万kW）、紫云山（140万kW）、平坦原（140万kW）；提出3个备选站点，装机规模合计260万kW，分别为湖北北山（20万kW）、清江（120万kW）、宝华寺（120万kW），规划水平年为2030年。

西北电网区域选择了1个推荐站点，即青海贵南哇让站点，装机规模为240万kW，规划水平年为2025年。

南方电网区域选择了3个推荐站点，装机规模合计360万kW，分别是广西南宁（120万kW）、贵州贵阳（修文石厂坝，120万kW）、黔南（贵定黄丝，120万kW），规划水平

表 2.2　"十三五"全国 8 个省（自治区）抽水蓄能电站选点规划或规划调整成果汇总表

序号	区域电网	省（自治区）	推荐站点	备选站点（后备、储备）	批复文号	批复时间	编制单位
1	华北	河北	尚义（140万kW）		国能函新能[2020]36号	2020年6月	北京勘测设计研究院有限公司
2			徐水（60万kW）				
3			涞平（120万kW）				
4		浙江	衢江（120万kW）		国能函新能[2018]116号	2018年9月	
5			磐安（120万kW）				
6			泰顺（120万kW）				
7			天台（170万kW）				
8			建德（240万kW）				
9			桐庐（120万kW）				
10	华东	福建	云霄（180万kW）		国能函新能[2018]48号	2018年4月	华东勘测设计研究院有限公司
11		安徽	桐城（120万kW）		国能函新能[2018]99号	2018年8月	
12			宁国（120万kW）				
13			岳西（120万kW）				
14			石台（120万kW）				
15			霍山（120万kW）				
16	华中	湖北	大幕山（120万kW）	北山（20万kW）	国能函新能[2020]59号	2020年9月	中南勘测设计研究院有限公司
17			紫云山（140万kW）	清江（120万kW）			
18			平坦原（140万kW）	宝华寺（120万kW）			
19	西北	青海	贵南哇让（240万kW）		国能函新能[2019]6号	2019年1月	西北勘测设计研究院有限公司
20	南方	广西	南宁（120万kW）		国能函新能[2018]98号	2018年8月	中南勘测设计研究院有限公司、广西电力设计研究院有限公司
21		贵州	贵阳（120万kW）		国能函新能[2019]25号	2019年2月	贵阳勘测设计研究院有限公司
22			黔南（120万kW）				
全国合计			2990万kW	260万kW			

年为 2025 年。

　　综合分析，截至 2020 年年底，全国陆续开展 25 个省（自治区、直辖市）的抽水蓄能电站选点规划或选点规划调整工作，批复的规划站点总装机容量约为 1.2 亿 kW。

2.2　中长期发展规划

2.2.1　资源普查

　　为贯彻落实应对全球气候变化国家自主贡献目标，履行"2030 年前碳达峰、2060 年前碳中和"的国际承诺，实现 2030 年非化石能源占一次能源消费比重 25% 的目标，能源绿色低碳转型势在必行，风电、太阳能发电将进入大规模高比例高质量发展新阶段，新型电力系统建设对抽水蓄能等调节电源提出了更高要求和更大需求。2020 年 12 月，国家能源局印发《关于开展全国新一轮抽水蓄能中长期规划编制工作的通知》（国能综通新能〔2020〕138 号），各省（自治区、直辖市）能源主管部门组织开展了本地区抽水蓄能站点资源普查工作。综合考虑地理位置、地形地质、水源条件、水库淹没、环境影响、工程技术及初步经济性等因素，全国共普查筛选出资源站点 1500 余个，普查站点资源总量 16 亿 kW（含已建、在建及规划选点），在全国绝大部分省（自治区、直辖市）均有分布，其中贵州、河北、广东、吉林和湖北等省份普查站点资源较多。从区域分布来看，南方、西北、华中等区域电网分布相对较多，如图 2.1 所示。

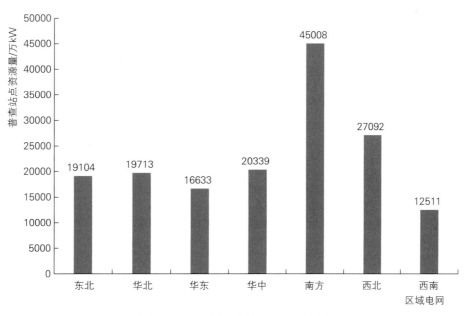

图 2.1　全国抽水蓄能站点资源区域分布

2.2.2 纳规项目

2021 年 8 月，国家能源局印发《抽水蓄能中长期发展规划（2021—2035 年）》，在抽水蓄能站点资源普查基础上，统筹考虑电力系统需求、新能源发展需要及资源条件，提出了抽水蓄能中长期发展项目库。 对满足规划阶段深度要求、条件成熟、不涉及生态保护红线等环境制约因素的项目，按照应规尽规的原则，作为重点实施项目，共 340 个，装机规模为 4.21 亿kW，并明确"十四五""十五五"和"十六五"时期项目实施时序。 对满足规划阶段深度要求，但可能涉及生态保护红线等环境制约因素的项目，作为规划储备项目，共 247 个，装机规模为 3.05 亿 kW，并提出规划储备项目待落实相关开发建设条件、做好与生态保护红线等环境制约因素避让和衔接后，可滚动调整进入重点实施项目库，从而进行下一步实施。

从区域电网分布来看，东北电网区域纳规重点实施项目 26 个，总装机规模 3310 万kW；规划储备项目 44 个，总装机规模 6290 万 kW。 华北电网区域纳规重点实施项目 18个，总装机规模 2040 万 kW；规划储备项目 32 个，总装机规模 3730 万 kW。 华东电网区域纳规重点实施项目 45 个，总装机规模 4960 万 kW；规划储备项目 23 个，总装机规模2665 万 kW；华中电网区域纳规重点实施项目 61 个，总装机规模 7196 万 kW；规划储备项目 45 个，总装机规模 4050 万 kW；南方电网区域纳规重点实施项目 71 个，总装机规模8580 万 kW；规划储备项目 34 个，总装机规模 4190 万 kW；西北电网区域纳规重点实施项目 74 个，总装机规模 9775 万 kW；规划储备项目 47 个，总装机规模 5740 万 kW；西南电网区域纳规重点实施项目 45 个，总装机规模 6215 万 kW；规划储备项目 22 个、总装机规模 3919 万 kW，详见图 2.2。

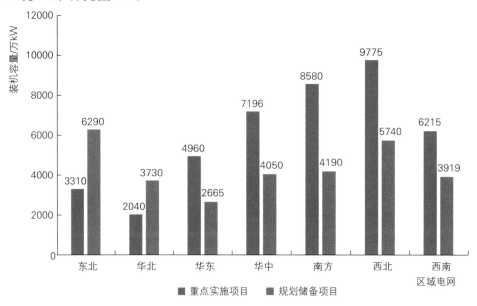

图 2.2　全国各区域纳规重点实施项目和规划储备项目

从各省（自治区、直辖市）分布来看，西藏、青海、湖北、贵州、浙江、湖南、新疆等省（自治区、直辖市）纳入规划重点实施项目较多，装机规模均超过 2000 万 kW；广西、云南、陕西、广东、甘肃、黑龙江、安徽、辽宁、河南、四川等省（自治区、直辖市）纳规重点实施项目装机规模在 1000 万～2000 万 kW；其余省份纳规重点实施项目装机规模在 1000 万 kW 以下。

2.3 新增项目纳规阶段

2021 年 11 月，国家能源局综合司印发《关于做好〈抽水蓄能中长期发展规划（2021—2035 年）〉实施工作的通知》（国能综通新能〔2021〕101 号），其中提出要及时滚动调整中长期发展规划。落实通知要求，部分省（自治区、直辖市）能源主管部门结合本地区新能源发展需求和新型电力系统建设需要，又开展了抽水蓄能站点资源调查工作，结合现场查勘，按照相关要求编制项目初步分析报告，识别核查生态保护红线等环境制约因素，提出新增项目纳规申请，推动抽水蓄能高质量发展。

2022 年 4 月，国家能源局印发《关于〈抽水蓄能中长期发展规划（2021—2035 年）〉山西省调整项目有关事项的复函》（国能函新能〔2022〕13 号），将绛县（120 万 kW）、垣曲二期（100 万 kW）、西龙二期（140 万 kW）3 个储备项目，以及盂县上社（140 万 kW）、沁源县李家庄（90 万 kW）、沁水（120 万 kW）、代县黄草院（140 万 kW）、长子（60 万 kW）等 5 个新增项目调整纳入规划"十四五"重点实施项目，将五寨（120 万 kW）项目纳入规划储备项目，这是抽水蓄能中长期规划发布后首个也是目前唯一一个新增项目纳规申请得到批复的省份。

此外，其他部分省（自治区、直辖市）向国家能源局提出新增项目纳规等规划调整建议。初步统计，目前共有河北、吉林等 17 个省（自治区、直辖市）提出规划调整申请，包括重点实施项目建设时序调整、规划储备项目调整为重点实施项目及新增申请纳入规划项目。这些新增申请纳规项目是对抽水蓄能站点资源的重要补充。

面对新增项目纳规阶段部分省（自治区、直辖市）前期论证不够、工作不深、需求不清、项目申报过热等情况，国家能源局印发《关于进一步做好抽水蓄能规划建设工作有关事项的通知》（国能综通新能〔2023〕47 号），要求抓紧开展抽水蓄能发展需求论证，并按程序确认合理建设规模，在此基础上有序开展新增项目纳规工作，以促进抽水蓄能行业平稳有序、高质量发展。

综合考虑历次选点规划、中长期规划及经批复的相关省份规划调整申请，同时考虑到部分项目核准装机容量较规划装机容量发生变化，截至 2022 年年底，全国已纳入规划和储备的抽水蓄能站点资源总量约 8.23 亿 kW，其中已建 4579 万 kW，在建 1.21 亿 kW。

分区域看，华北、东北、华东、华中、南方、西南、西北电网的纳规站点资源量分别为 8600 万 kW、10530 万 kW、10560 万 kW、12520 万 kW、13790 万 kW、10430 万 kW、15900 万 kW，见图 2.3。

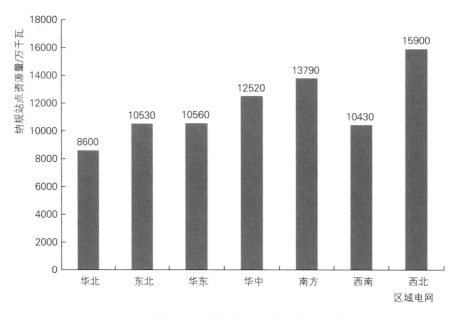

图 2.3　全国已纳入规划的抽水蓄能站点资源量

3 发展现状

3.1　全国发展概况

2022 年，全国新增投产抽水蓄能装机规模 880 万 kW，创历史新高。 截至 2022 年年底，抽水蓄能电站投产总装机容量达到 4579 万 kW。 其中，华东区域抽水蓄能装机规模最大，南方区域、华北区域次之，西北区域尚未有投产的抽水蓄能机组。 全国在运抽水蓄能装机容量分布如图 3.1 所示。

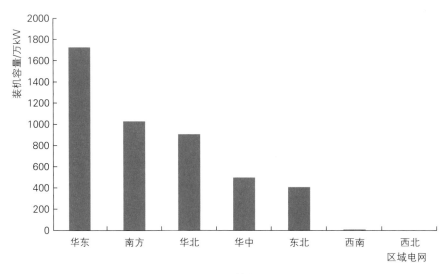

图 3.1　全国在运抽水蓄能装机容量分布

2022 年，全国核准抽水蓄能电站 48 座，核准总装机容量 6890 万 kW，是历年来核准规模最大的一年，年度核准规模超过之前 50 年投产的总规模。 截至 2022 年年底，抽水蓄能电站在建总装机容量为 1.21 亿 kW，华中区域在建规模最大，其次为华东区域，华北区域和西北区域在建规模也较大。 全国核准在建抽水蓄能装机容量分布如图 3.2 所示。

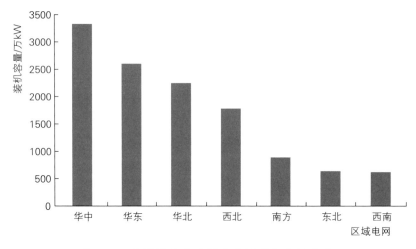

图 3.2　全国核准在建抽水蓄能装机容量分布

3.2　各区域发展概况

3.2.1　华北区域

2022 年，华北区域新增投产抽水蓄能装机规模 210 万 kW。 截至 2022 年年底，华北区域抽水蓄能电站投产总装机容量达到 877 万 kW。 其中，河北省抽水蓄能装机容量最大，山东省次之，天津市尚未有投产的抽水蓄能机组。 华北区域在运抽水蓄能装机容量分布如图 3.3 所示。

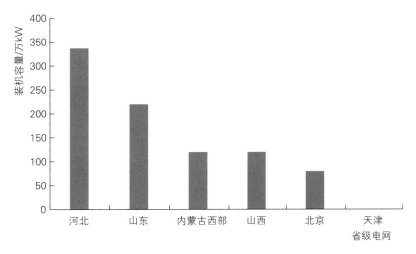

图 3.3　华北区域在运抽水蓄能装机容量分布

2022 年，华北区域核准抽水蓄能电站 7 座，核准总装机容量 1000 万 kW。 截至 2022 年年底，华北区域抽水蓄能电站在建总装机容量为 2280 万 kW，河北省在建规模最大，其次为山东省，北京市、天津市无在建的抽水蓄能电站。 华北区域核准在建抽水蓄能装机容量分布如图 3.4 所示。

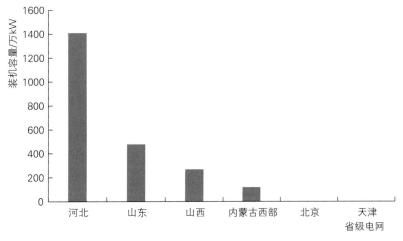

图 3.4　华北区域核准在建抽水蓄能装机容量分布

3.2.2 东北区域

2022 年，东北区域新增投产抽水蓄能装机规模 125 万 kW。 截至 2022 年年底，东北区域抽水蓄能电站投产总装机容量达到 410 万 kW。 其中，吉林省抽水蓄能装机容量最大，黑龙江省、辽宁省次之，内蒙古自治区东部尚未有投产的抽水蓄能机组。 东北区域在运抽水蓄能装机容量分布情况如图 3.5 所示。

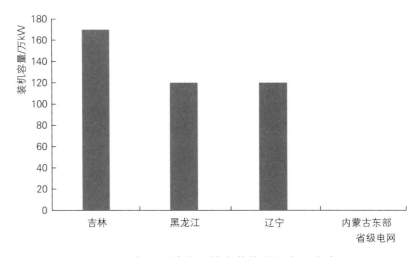

图 3.5　东北区域在运抽水蓄能装机容量分布

2022 年，东北区域无抽水蓄能电站项目获得核准。 截至 2022 年年底，东北区域抽水蓄能电站在建总装机容量为 640 万 kW，辽宁省在建规模最大，黑龙江省、吉林省、内蒙古自治区东部各有 1 座装机容量 120 万 kW 的抽水蓄能电站在建。 东北区域核准在建抽水蓄能装机容量分布如图 3.6 所示。

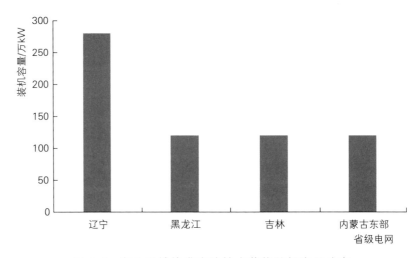

图 3.6　东北区域核准在建抽水蓄能装机容量分布

3.2.3 华东区域

2022年，华东区域新增投产抽水蓄能装机规模405万kW。截至2022年年底，华东区域抽水蓄能电站投产总装机容量达到1726万kW。其中，浙江省抽水蓄能装机容量最大，安徽省次之，上海市尚未有投产的抽水蓄能机组。华东区域在运抽水蓄能装机容量分布如图3.7所示。

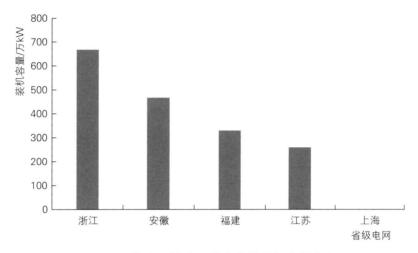

图3.7 华东区域在运抽水蓄能装机容量分布

2022年，华东区域核准抽水蓄能电站8座，核准总装机容量1140万kW。截至2022年年底，华东区域抽水蓄能电站在建总装机容量为2603万kW，浙江省在建规模最大，远高于安徽省、福建省、江苏省，上海市无在建的抽水蓄能电站。华东区域核准在建抽水蓄能装机容量分布如图3.8所示。

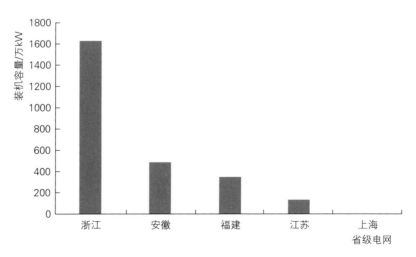

图3.8 华东区域核准在建抽水蓄能装机容量分布

3.2.4 华中区域

2022 年, 华中区域新增投产抽水蓄能装机规模 30 万 kW。 截至 2022 年年底, 华中区域抽水蓄能电站投产总装机容量达到 529 万 kW。 其中, 河南省抽水蓄能装机容量最大, 湖北省、湖南省、江西省次之。 华中区域在运抽水蓄能装机容量分布如图 3.9 所示。

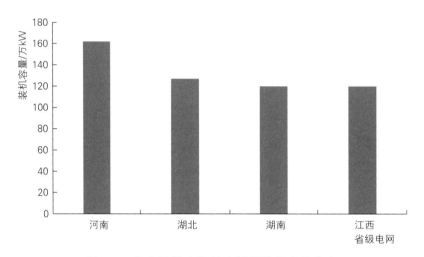

图 3.9　华中区域在运抽水蓄能装机容量分布

2022 年, 华中区域核准抽水蓄能电站 18 座, 核准总装机容量 2439.6 万 kW。 截至 2022 年年底, 华中区域抽水蓄能电站在建总装机容量为 3299.6 万 kW, 湖北省在建规模最大, 河南省次之, 江西省最小。 华中区域核准在建抽水蓄能装机容量分布如图 3.10 所示。

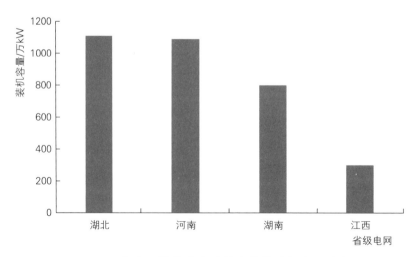

图 3.10　华中区域核准在建抽水蓄能装机容量分布

3.2.5 南方区域

2022 年，南方区域新增投产抽水蓄能装机规模 170 万 kW。 截至 2022 年年底，南方区域抽水蓄能电站投产总装机容量达到 1028 万 kW。 其中，广东省抽水蓄能装机容量最大，海南省仅有 1 座 60 万 kW 的抽水蓄能电站投产在运，广西壮族自治区、贵州省、云南省尚未有投产的抽水蓄能机组。 南方区域在运抽水蓄能装机容量分布如图 3.11 所示。

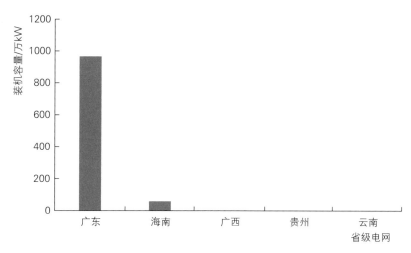

图 3.11 南方区域在运抽水蓄能装机容量分布

2022 年，南方区域核准抽水蓄能电站 5 座，核准总装机容量 650 万 kW。 截至 2022 年年底，南方区域抽水蓄能电站核准在建总装机容量为 890 万 kW，广东省核准在建规模最大，贵州省次之，海南省、云南省无在建的抽水蓄能电站。 南方区域核准在建抽水蓄能装机容量分布如图 3.12 所示。

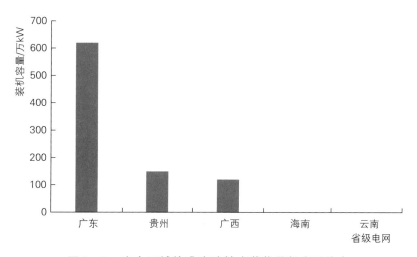

图 3.12 南方区域核准在建抽水蓄能装机容量分布

3.2.6 西南区域

2022 年，西南区域无抽水蓄能电站投产。 截至 2022 年年底，西南区域抽水蓄能电站投产总装机容量达到 9 万 kW。 西南区域在运抽水蓄能装机容量分布情况如图 3.13 所示。

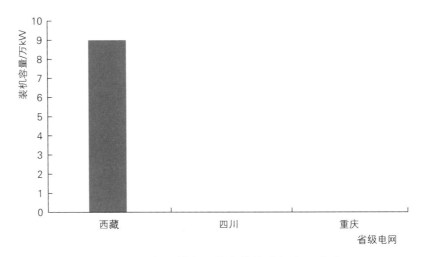

图 3.13 西南区域在运抽水蓄能装机容量分布

2022 年，西南区域核准抽水蓄能电站 3 座，核准总装机容量 360 万 kW。 截至 2022 年年底，西南区域抽水蓄能电站核准在建总装机容量为 620 万 kW，重庆市核准在建规模最大，西藏自治区无在建的抽水蓄能电站。 西南区域核准在建抽水蓄能装机容量分布如图 3.14 所示。

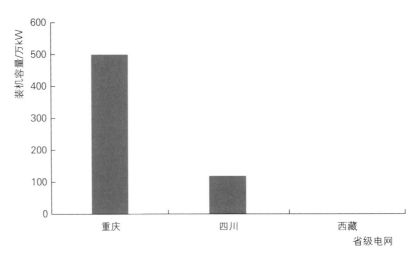

图 3.14 西南区域核准在建抽水蓄能装机容量分布

3.2.7 西北区域

截至 2022 年年底，西北区域尚未有投产的抽水蓄能机组。

2022 年，西北区域核准抽水蓄能电站 7 座，核准总装机容量 1300 万 kW。 截至 2022 年年底，西北区域抽水蓄能电站核准在建总装机容量为 1780 万 kW，青海省核准在建规模最大，甘肃省次之，宁夏回族自治区最小。 西北区域核准在建抽水蓄能装机容量分布如图 3.15 所示。

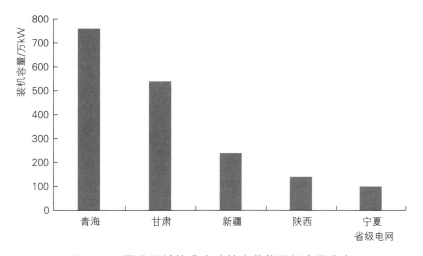

图 3.15　西北区域核准在建抽水蓄能装机容量分布

4 项目建设管理

抽水蓄能建设管理体系主要包括发展规划制定、开发组织管理、勘察设计工作、项目核准、建设管理和运行管理等内容。

抽水蓄能电站建设管理体系是一项影响范围大、涉及面广的系统工程，特别是大型抽水蓄能电站的建设和运行管理，涉及从中央政府到地方政府、从项目开发业主到设计施工单位、从金融机构到电网公司等众多参与方，各方都在其中发挥了重要而不可或缺的作用，其中以政府、项目业主、勘测设计单位、建设施工单位和电网公司是主要利益相关方。

4.1　发展规划制定

发展规划是指导抽水蓄能发展的重要指南，也是制定规划实施方案和抽水蓄能项目核准的依据。

4.1.1　制定发展规划

国家能源主管部门负责制定抽水蓄能发展规划。2021 年 9 月，国家能源局印发《抽水蓄能中长期发展规划（2021—2035 年）》（以下简称《规划》）。《规划》明确了抽水蓄能发展的指导思想、基本原则、发展目标和重点任务。

《规划》以项目是否涉及生态保护红线为原则，提出重点实施项目库和储备项目库，重点实施项目不涉及生态保护红线，拟在 2035 年前按需求重点推进，有序开发。

4.1.2　制定实施方案

省级能源主管部门负责制定规划实施方案。2021 年 11 月，国家能源局印发《关于做好〈抽水蓄能中长期发展规划（2021—2035 年）〉实施工作的通知》（国能综通新能〔2021〕101 号），明确要求各省（自治区、直辖市）能源主管部门制定《规划》实施方案，提出本地区抽水蓄能发展中长期总体目标、重点任务和项目布局，以及分阶段发展目标、项目布局和相应保障措施等。提出本地区抽水蓄能项目核准工作计划，将五年发展目标分解落实到年度，提出每一年度抽水蓄能的发展目标、重点任务、项目核准时序、保障措施等，加快规划实施进度。

4.1.3　规范规划调整

根据《关于做好〈抽水蓄能中长期发展规划（2021—2035 年）〉实施工作的通知》（国能综通新能〔2021〕101 号），要求各省（自治区、直辖市）能源主管部门加强研究论证，结合本地区新能源发展和电力系统需求等，提出《规划》调整建议，包括重点实施项

目建设时序调整建议、储备项目调整为重点实施项目的建议、新增纳入《规划》项目的建议等。 其中储备项目调整为重点实施项目，需要提供相关省级主管部门出具的该项目不涉及生态保护红线等环境限制因素的文件；新增纳入《规划》项目需要在现场查勘基础上，提出项目初步分析报告。 其中建议纳入重点实施项目需要同时提供省级主管部门出具的该项目不涉及生态保护红线等环境限制因素的文件。 国家能源局根据调整建议情况及时滚动调整《规划》。

4.1.4 调整规划实例

2022 年，山西省组织开展了抽水蓄能中长期规划调整工作，并以《关于将绛县等抽水蓄能列为国家"十四五"重点实施项目的请示》（晋能源新能源字〔2022〕8 号）正式报送国家能源局。 2022 年 4 月，国家能源局以《〈抽水蓄能中长期发展规划（2021—2035 年）〉山西省调整项目有关事项的复函》（国能函新能〔2022〕13 号）印送山西省能源局，文件主要内容如下：

报来《关于将绛县等抽水蓄能列为国家"十四五"重点实施项目的请示》（晋能源新能源字〔2022〕8 号）、《关于呈报绛县等 8 个抽水蓄能项目对生态环境部意见修改完善情况的报告》（晋能源规字〔2022〕139 号）、《关于呈报绛县等 8 个抽水蓄能项目对国家林业和草原局意见修改完善情况的报告》（晋能源新能源字〔2022〕157 号）。 经研究，现函复如下：

一、加快发展抽水蓄能，落实《抽水蓄能中长期发展规划（2021—2035 年）》（以下简称规划），对于构建新型电力系统、促进可再生能源大规模高比例发展、实现碳达峰碳中和目标、保障电力系统安全稳定运行、提高能源安全保障水平，以及促进扩大有效投资、保持经济社会平稳健康发展，具有重要作用。

二、为支持山西省抽水蓄能开发建设，加快新能源发展，推进能源革命综合改革试点，同意山西省盂县上社（装机容量 140 万千瓦）、沁源县李家庄（装机容量 90 万千瓦）、沁水（装机容量 120 万千瓦）、代县黄草院（装机容量 140 万千瓦）、长子（装机容量 60 万千瓦）5 个项目纳入规划"十四五"重点实施项目；绛县（装机容量 120 万千瓦）、垣曲二期（装机容量 100 万千瓦）、西龙池二期（装机容量 140 万千瓦）3 个储备项目调整为规划"十四五"重点实施项目；五寨（装机容量 120 万千瓦）项目纳入规划储备项目。

三、请你局认真做好规划实施工作，积极推进抽水蓄能项目前期工作，加快重点实施项目核准，加强项目全过程管理，确保项目建设和运行安全。 坚持生态优先，做好项目开发建设与生态环境的协调。

四、请你局组织项目单位严守耕地和永久基本农田、生态保护红线及其他空间控制

线，落实节约集约用地要求，并协调将重点实施项目纳入国土空间规划"一张图"实施监督信息系统，依法依规优先保障用地需求。

五、请你局组织项目单位在项目实施前按照《野生动物保护法》《野生植物保护条例》有关规定，履行环境影响评价过程中涉及野生动植物保护工作的相关法定程序。优化项目建设布局，科学合理安排项目进度，并严格按照核定的林地面积依法依规办理项目使用林地手续，不得突破。

4.2　开发组织管理

抽水蓄能项目业主是抽水蓄能项目建设运行管理的主体，处于工程建设管理的核心地位，主要负责推进前期工作、组织电站建设、保障安全运行等任务。随着国家电力体制机制改革的不断深入，抽水蓄能项目投资主体经历了由单一投资主体向多元化投资主体的转变过程。

4.2.1　电网企业投资为主的阶段（2004—2013 年）

2004 年，国家发展改革委印发《关于抽水蓄能电站建设管理有关问题的通知》（发改能源〔2004〕71 号），提出抽水蓄能电站原则上由电网经营企业建设和管理。2011 年，国家能源局印发《关于进一步做好抽水蓄能电站建设的通知》（国能新能〔2011〕242号），进一步明确原则上由电网经营企业有序开发、全资建设抽水蓄能电站，建设运行成本纳入电网运行费用；杜绝电网企业与发电企业（或潜在的发电企业）合资建设抽水蓄能电站项目；严格审核发电企业投资建设抽水蓄能电站项目。

4.2.2　投资主体多元化的阶段（2014 年至今）

2014 年，国务院印发《关于创新重点领域投融资机制鼓励社会投资的指导意见》（国发〔2014〕60 号），提出鼓励社会资本参与电力建设。在做好生态环境保护、移民安置和确保工程安全的前提下，通过业主招标等方式，鼓励社会资本投资常规水电站和抽水蓄能电站。

2015 年，国家能源局印发《关于鼓励社会资本投资水电站的指导意见》（国能新能〔2015〕8 号），明确鼓励和积极支持社会资本投资常规水电站和抽水蓄能电站的原则，鼓励通过市场方式配置和确定项目开发主体；未明确开发主体的抽水蓄能电站，可通过市场方式选择投资者。2021 年，国家能源局印发《规划》，提出进一步完善相关政策，稳妥推进以招标、市场竞价等方式确定抽水蓄能电站项目投资主体，鼓励社会资本投资建设抽水蓄能电站。2022 年各投资主体新核准项目见表 4.1。

表 4.1　　　　　　　　　2022 年各投资主体新核准项目

业主单位类型	业主单位	核准项目	装机容量/万 kW
电网企业	国家电网有限公司	青海贵南哇让（280），江西洪屏二期（180），湖南安化（240），湖北紫云山（140）、通山（大幕山）（140），河南龙潭沟（180），甘肃玉门（120），安徽宁国（120）	1400
	中国南方电网有限责任公司	广东中洞（120）、浪江（120）	240
	内蒙古电力（集团）有限责任公司	内蒙古（蒙西）乌海（120）	120
电力企业	中国长江三峡集团有限公司	重庆菜籽坝（120），浙江松阳（140），青海南山口（240），湖南广寒坪（180），湖北清江（120）、宝华寺（120）、太平（240），河南后寺河（120），甘肃张掖（140）、黄羊（140），安徽石台（120）	1680
	中国电力建设集团有限公司	重庆建全（120），浙江景宁（140）、永嘉（120），湖南罗萍江（120），湖北黑沟（30），河北隆化（280），甘肃皇城（140）	950
	国家能源投资集团有限责任公司	青海同德（240），湖北江西观（120），安徽霍山（120）	480
	广东省能源集团有限公司	贵州贵阳（150），广东水源山（120）、三江口（140）	410
	华源电力股份有限公司	河北灵寿（140）、邢台（120）、迁西（100）	360
	协鑫（集团）控股有限公司	浙江建德（240）	240
	春江集团有限公司	河南九峰山（210）	210
	桐庐县国有资本投资运营控股集团有限公司	浙江桐庐（140）	140
	国家电力投资集团公司	湖南木旺溪（120）	120
	国家开发投资集团有限公司	四川两河口混合式（120）	120
	深圳能源集团股份有限公司	河北阜平（120）	120
	河南投资集团有限公司	河南弓上（120）	120
	北京大地远通（集团）有限公司	河北滦平（120）	120
	中国广核集团有限公司	湖北魏家冲（29.8）	29.8
	汉江水利水电（集团）有限责任公司	湖北潘口混合式（29.8）	29.8
合计			6889.6

注：括号内数据为装机容量，万 kW。

4.2.3　投资主体招标实例

（1）启动招标

2022 年 1 月，江西省能源局启动"江西省纳入国家规划的'十四五'重点实施"项

目招标工作。 招标文件的主要要求如下：

1）招标项目

江西省纳入国家规划的"十四五"重点实施项目。

2）标段划分

本次招标的项目分为 6 标段。

3）投标限制

投标人可投标多个标段，每个投标人允许中 1 个标段。

4）申请人的资格要求

一是满足《中华人民共和国政府采购法》第二十二条规定。

二是落实政府招标政策需满足的资格要求：具有独立承担民事责任的能力；具有良好的商业信誉和健全的财务会计制度；具有履行中标承诺所必需的设备和专业技术能力；具有依法缴纳税收和社会保障资金的良好记录；参加政府招标活动前三年内，在经营活动中没有重大违法记录。

5）本项目的特定资格要求

具备国内建设运营抽水蓄能电站或大型水电站经验；法律、行政法规、招标文件关于"合格投标人（申请人）"的其他条件。

（2）中标结果

2022 年 3 月，江西省印发《关于江西省抽水蓄能项目业主招标中标单位的公示》，根据江西省抽水蓄能项目业主招标方案，经评标委员会专家评审，拟确定江西省抽水蓄能项目业主招标各标段中标单位，见表 4.2。

表 4.2   江西省抽水蓄能项目业主中标单位清单

序号	标段	项目名称	中 标 单 位
1	标段一	赣县	江西省投资集团有限公司
2	标段二	铅山	国家电投集团江西电力有限公司
3	标段三	遂川	国家能源集团江西电力有限公司
4	标段四	永新	中国华能集团有限公司
5	标段五	寻乌	中国三峡建工（集团）有限公司
6	标段六	全南	华电江西发电有限公司

4.3   勘察设计工作

根据《国家能源局关于印发水电工程勘察设计管理办法和水电工程设计变更管理

办法的通知》（国能新能〔2011〕361号），水电工程勘察设计是指依据水电工程建设要求，查明、分析和评价工程场地地质条件，分析论证技术、经济、资源和环境相关情况，确定工程设计方案，编制勘察设计文件的活动。 水电工程勘察设计阶段分为发展（选点）规划、预可行性研究、可行性研究、招标设计及施工详图设计等五个阶段。抽水蓄能勘察设计工作按照水电工程勘察设计阶段执行。

4.3.1 勘察设计单位

根据《国家能源局关于印发水电工程勘察设计管理办法和水电工程设计变更管理办法的通知》（国能新能〔2011〕361号）要求，从事勘察设计活动的单位应具有国家规定的相应资质：从事大型水电工程勘察设计应具有工程勘察和工程设计甲级资质（水力发电）；承担坝高200m及以上水电工程和地震基本烈度Ⅷ度及以上高坝水电工程的勘察设计单位应具有大（1）型水电工程勘察设计业绩。 抽水蓄能电站装机规模一般都在30万kW以上，属于大型水电工程。 勘察设计单位的选择按照上述文件要求执行。

目前，中国抽水蓄能建设项目的勘察设计工作主要由中国电建集团所属的北京、中南、华东、西北勘测设计研究院有限公司，广东省水利电力勘测设计研究院有限公司，中水东北勘测设计研究有限责任公司等单位承担，同时中国电建集团成都、贵阳、昆明勘测设计研究院有限公司，长江设计集团有限公司，中水北方勘测设计研究有限责任公司等单位也承担了部分抽水蓄能电站建设项目的勘察设计任务。 2022年各勘察设计单位主要工作业绩见表4.3。

表 4.3　　　　　　　　2022 年各勘察设计单位主要工作业绩

设计单位	核　准　项　目	装机规模/万 kW
中南勘测设计研究院有限公司	重庆建全（120），湖南安化（240）、罗萍江（120）、木旺溪（120）、广寒坪（180），湖北清江（120）、宝华寺（120）、江西观（120）、紫云山（140）、魏家冲（29.8）、黑沟（30）、太平（240）、通山（大幕山）（140）、潘口混合式（29.8/2）、河南后寺河（120）、弓上（120）、龙潭沟（180），广东三江口（140）、浪江（120）	2414.7
华东勘测设计研究院有限公司	浙江建德（240）、景宁（140）、松阳（140）、桐庐（140）、永嘉（120），青海贵南哇让（280），江西洪屏二期（180），安徽宁国（120）、霍山（120）	1480
西北勘测设计研究院有限公司	青海同德（240）、南山口（240），甘肃皇城（140）、张掖（140）、黄羊（140）	900

续表

设计单位	核准项目	装机规模/万 kW
北京勘测设计研究院有限公司	蒙西乌海（120），河北灵寿（140）、邢台（120）、阜平（120）、隆化（280/2）	640
广东省水利电力勘测设计研究院有限公司	广东水源山（120）、中洞（120），甘肃玉门（120）	360
昆明勘测设计研究院有限公司	河北滦平（120）、迁西（100）、隆化（280/2）	360
黄河勘测规划设计研究院有限公司	河南九峰山（210）	210
贵阳勘测设计研究院有限公司	贵州贵阳（150）	150
长江设计集团有限公司	安徽石台（120）	120
上海勘测设计研究院有限公司	重庆菜籽坝（120）	120
成都勘测设计研究院有限公司	四川两河口混合式（120）	120
湖北省水利水电规划勘测设计院	湖北潘口混合式（29.8/2）	14.9
合　计		6889.6

注：部分联合设计项目按照参加单位数量平均分配；括号内数据为装机容量，万 kW。

4.3.2 预可行性研究

根据原电力工业部《关于调整水电工程设计阶段的通知》（1993 年 12 月 22 日电计〔1993〕567 号），水电工程设计阶段分为预可行性研究、可行性研究、招标设计和施工详图设计四个阶段。

抽水蓄能电站预可行性研究工作执行《水电工程预可行性研究报告编制规程》（NB/T 10337—2019）。预可行性研究报告编制应根据国民经济和社会发展中长期规划，按照国家产业政策和有关建设投资方针，在已经国家审批的抽水蓄能电站发展规划（选点规划）的基础上提出开发目标和任务，通过对拟建设的项目进行初步论证，明确提出项目建设的必要性，基本确定项目规模和上、下水库库址。主要目的是以相对较小的代价，把水文、地质、环保、移民等方面可能制约工程建设的主要因素识别出来，避免前期一次投入过大但项目因技术问题最后无法建设而给国家和企业带来较大的损失。

4.3.3 可行性研究

抽水蓄能项目可行性研究工作执行《水电工程可行性研究报告编制规程》（DL/T 5020—2007）。可行性研究报告应在遵循国家有关政策、法规，在预可行性研究报告的

基础上进行编制。 对项目建设的必要性、可行性、建设条件等进行充分论证，并对项目的建设方案进行全面比较，作出项目建设在技术上是否可行、在经济上是否合理的科学结论，应遵循安全可靠、技术可行、结合实际、注重效益的原则。 按照行业惯例，通常以水电工程可行性研究报告作为项目申请报告编制的主要依据，同时作为项目最终决策和进行招标设计的依据。 不同阶段主要技术要求见表 4.4。

表 4.4　　　　　　　　　不同阶段主要技术要求

序号	工作内容	预可行性研究	可行性研究
1	工程规模	初选水库正常蓄水位和电站装机容量	选定水库正常蓄水位和电站装机容量
2	地质勘探	初步查明并分析各比较库址和厂址方案的主要地质条件。对影响工程方案成立的重大地质问题作出初步评价	查明水库工程地质条件，进行坝址、坝线及枢纽布置工程地质条件比较，查明选定方案各建筑物区的工程地质条件，提出相应的评价意见和结论
3	建设方案	基本明确上、下水库库址，初选代表性坝址和厂址。初步比较拟定代表性坝型、枢纽布置及主要建筑物型式	选定工程建设场址、坝（闸）址、厂（站）址等。确定工程总体布置方式，确定主要建筑物的轴线、线路、结构型式和布置方式、控制尺寸高程和工程量
4	建设征地	初拟建设征地范围，初步调查建设征地实物指标，提出移民安置初步规划，估算建设征地移民安置补偿费用	确定建设征地范围，全面调查建设征地范围内的实物指标，提出建设征地和移民安置规划设计，编制补偿费用概算
5	环境保护	查明工程建设环境敏感制约因素，初步评价工程建设对环境的影响，从环境角度论证工程建设的可行性	提出环境保护和水土保持措施设计，提出水土保持规划、环境监测规划和环境管理规定
6	工程投资	估算工程投资	编制设计概算

4.3.4　招标设计

招标设计是在批准可行性研究报告的基础上，将确定的工程设计方案进一步具体化，详细定出总体布置和各建筑物的轮廓尺寸、标高、材料类型、工艺要求和技术要求等。 其设计深度要求做到可以根据招标设计图较准确地计算出各种建筑材料如水泥、砂石料、木材、钢材等的规格、品种和数量，混凝土浇筑、土石方填筑和各类开挖、回填的工程量，各类机械、电气和永久设备的安装工程量等，以满足招标及签订合同的需要。 勘察设计单位应以审定的可行性研究报告为依据开展招标设计，复核、深化和细化设计方案，满足招标文件编制的要求。

4.3.5　施工图设计

施工图设计是按可行性研究设计所确定的设计原则、结构方案和控制尺寸，完成对各建筑物的结构和细部构造设计；确定地基处理方案，进行处理措施设计；确定施工总体布置及施工方法，编制施工进度计划和施工预算等；提出整个工程分项分部的施工、制造、安装详图。

勘察设计单位负责编制施工图阶段设计文件，满足工程施工要求。施工图设计文件应对涉及工程质量和施工安全的重点部位注明有关安全质量方面的提示信息，对防范工程安全质量风险提出指导意见。

4.4　项目核准

依据《国务院关于发布政府核准的投资项目目录（2016 年本）的通知》（国发〔2016〕72 号），抽水蓄能有关核准规定如下：

（1）企业投资建设本目录内的固定资产投资项目，须按照规定报送有关项目核准机关核准。

（2）法律、行政法规和国家制定的发展规划、产业政策、总量控制目标、技术政策、准入标准、用地政策、环保政策、用海用岛政策、信贷政策等是企业开展项目前期工作的重要依据，是项目核准机关和国土资源、环境保护、城乡规划、海洋管理、行业管理等部门以及金融机构对项目进行审查的依据。

（3）由地方政府核准的项目，各省级政府可以根据本地实际情况，按照下放层级与承接能力相匹配的原则，具体划分地方各级政府管理权限，制定本行政区域内统一的政府核准投资项目目录。基层政府承接能力要作为政府管理权限划分的重要因素，不宜简单地"一放到底"。对于涉及本地区重大规划布局、重要资源开发配置的项目，应充分发挥省级部门在政策把握、技术力量等方面的优势，由省级政府核准，原则上不下放到地市级政府，一律不得下放到县级及以下政府。

（4）抽水蓄能电站由省级政府按照国家制定的相关规划核准。

4.4.1　核准前置方式

根据《国家发展改革委　中央编办关于一律不得将企业经营自主权事项作为企业投资项目核准前置条件的通知》（发改投资〔2014〕2999 号）、《企业投资项目核准和备案管理办法》（国家发展改革委 2017 年第 2 号令）、《自然资源部关于以"多规合一"为基础推进规划用地"多审合一、多证合一"改革的通知》（自然资规〔2019〕2 号）、

《国务院关于修改〈大中型水利水电工程建设征地补偿和移民安置条例〉的决定》（中华人民共和国国务院令第 679 号）和《关于印发全国投资项目在线审批监管平台投资审批管理事项统一名称和申请材料清单的通知》（发改投资〔2019〕268 号），项目单位在报送项目申请报告时，应当根据国家法律法规的规定附具以下文件（详见表 4.5）：

　　（1）建设项目用地预审与选址意见书。

　　（2）移民安置规划审查意见。

　　（3）项目社会稳定风险评估报告及审核意见。

　　（4）法律、行政法规规定需要办理的其他相关手续。

表 4.5　　　　　　　　　　　　　核准主要文件依据

序号	文　件　名	相　关　条　款
1	《国家发展改革委　中央编办关于一律不得将企业经营自主权事项作为企业投资项目核准前置条件的通知》（发改投资〔2014〕2999 号）	二、取消范围 下列事项一律不再作为企业投资项目核准的前置条件： （一）银行贷款承诺； （二）融资意向书； （三）资金信用证明； （四）股东出资承诺； （五）其他资金落实情况证明材料； （六）可行性研究报告审查意见； （七）规划设计方案审查意见； （八）电网接入意见； （九）接入系统设计评审意见； （十）铁路专用线接轨意见； （十一）原材料运输协议； （十二）燃料运输协议； （十三）供水协议； （十四）与相关企业签署的副产品资源综合利用意向协议； （十五）与相关供应商签署的原材料供应协议等； （十六）与合作方签署的合作意向书、协议、框架协议（中外合资、合作项目除外）； （十七）通过企业间协商和市场调节能够解决的协议、承诺、合同等事项； （十八）其他属于企业经营自主决策范围的事项
2	《企业投资项目核准和备案管理办法》（国家发展改革委 2017 年第 2 号令）	第二十二条　项目单位在报送项目申请报告时，应当根据国家法律法规的规定附具以下文件： （一）城乡规划行政主管部门出具的选址意见书（仅指以划拨方式提供国有土地使用权的项目）； （二）国土资源（海洋）行政主管部门出具的用地（用海）预审意见（国土资源主管部门明确可以不进行用地预审的情形除外）； （三）法律、行政法规规定需要办理的其他相关手续
3	《自然资源部关于以"多规合一"为基础推进规划用地"多审合一、多证合一"改革的通知》（自然资规〔2019〕2 号）	一、合并规划选址和用地预审 将建设项目选址意见书、建设项目用地预审意见合并，自然资源主管部门统一核发建设项目用地预审与选址意见书（见附件 1），不再单独核发建设项目选址意见书、建设项目用地预审意见

续表

序号	文　件　名	相　关　条　款
4	《国务院关于修改〈大中型水利水电工程建设征地补偿和移民安置条例〉的决定》（中华人民共和国国务院令第 679 号）	第十五条　未编制移民安置规划或者移民安置规划未经审核的大中型水利水电工程建设项目，有关部门不得批准或者核准其建设，不得为其办理用地等有关手续
5	《关于印发全国投资项目在线审批监管平台投资审批管理事项统一名称和申请材料清单的通知》（发改投资〔2019〕268 号）	附件 2：全国投资项目在线审批监管平台投资审批管理事项申请材料清单（2018 年版） 4. 企业投资项目核准 01 项目申请报告 02 选址意见书 03 用地（海）预审意见 04 项目社会稳定风险评估报告及审核意见 05 移民安置规划审核

4.4.2　项目申请报告

《企业投资项目核准和备案管理办法》中提出，项目申请报告应当主要包括以下内容：

（1）项目单位情况。

（2）拟建项目情况，包括项目名称、建设地点、建设规模、建设内容等。

（3）项目资源利用情况分析以及对牛态环境的影响分析。

（4）项目对经济和社会的影响分析。

此外，《企业投资项目核准和备案管理办法》对项目核准基本程序也进行了详细规定。

4.4.3　项目开工条件

根据各相关部门出台的文件，项目单位应在开工前依法办理的主要相关手续如下（详见表 4.6）：

（1）项目核准单位出具的核准批复文件。

（2）水行政主管部门出具的洪水影响评价类审批、水土保持方案评价、取水许可申请等三类批复文件。

（3）环境保护行政主管部门出具的项目环境影响评价批复意见。

（4）地震部门对地震安全性评价报告的审查意见。

（5）应急安全部门关于项目安全预评价报告的备案文件。

（6）其他根据相关法律、法规要求的相关文件。

表 4.6 对于开工要求的文件依据

序号	文 件	相 关 条 款
1	《中华人民共和国水法》	第十九条 建设水工程，必须符合流域综合规划。在国家确定的重要江河、湖泊和跨省、自治区、直辖市的江河、湖泊上建设水工程，未取得有关流域管理机构签署的符合流域综合规划要求的规划同意书的，建设单位不得开工建设；在其他江河、湖泊上建设水工程，未取得县级以上地方人民政府水行政主管部门按照管理权限签署的符合流域综合规划要求的规划同意书的，建设单位不得开工建设。水工程建设涉及防洪的，依照防洪法的有关规定执行；涉及其他地区和行业的，建设单位应当事先求有关地区和部门的意见
2	《中华人民共和国水土保持法》	第二十六条 依法应当编制水土保持方案的生产建设项目，生产建设单位未编制水土保持方案或者水土保持方案未经水行政主管部门批准的，生产建设项目不得开工建设
3	《取水许可和水资源费征收管理条例》（根据 2017 年 3 月 1 日《国务院关于修改和废止部分行政法规的决定》修订）	第二十一条 取水申请经审批机关批准，申请人方可兴建取水工程或者设施
4	《水利部关于印发〈水利部简化整合投资项目涉水行政审批实施办法（试行）〉的通知》（水规计〔2016〕22 号）	一、整合审批事项 （一）对投资项目涉水行政审批内容相近事项进行分类整合。将取水许可和建设项目水资源论证报告书审批 2 项整合为"取水许可审批"。 （二）将水工程建设规划同意书审核、河道管理范围内建设项目工程建设方案审批、非防洪建设项目洪水影响评价报告审批、国家基本水文测站上下游建设影响水文监测工程的审批归并为"洪水影响评价类审批"
5	《中华人民共和国环境影响评价法》	第二十五条 建设项目的环境影响评价文件未依法经审批部门审查或者审查后未予批准的，建设单位不得开工建设
6	《地震安全性评价管理条例》（2001 年 11 月 15 日中华人民共和国国务院令第 323 号公布，根据 2019 年 3 月 2 日《国务院关于修改部分行政法规的决定》第二次修订）	第八条 下列建设工程必须进行地震安全性评价： （一）国家重大建设工程； （二）受地震破坏后可能引发水灾、火灾、爆炸、剧毒或者强腐蚀性物质大量泄露或者其他严重次生灾害的建设工程，包括水库大坝、堤防和贮油、贮气、贮存易燃易爆、剧毒或者强腐蚀性物质的设施以及其他可能发生严重次生灾害的建设工程； （三）受地震破坏后可能引发放射性污染的核电站和核设施建设工程； （四）省、自治区、直辖市认为对本行政区域有重大价值或者有重大影响的其他建设工程
7	《建设项目安全设施"三同时"监督管理办法》（2010 年 12 月 14 日国家安全监管总局令第 36 号公布，根据 2015 年 4 月 2 日国家安全监管总局令第 77 号修正）	第二章 建设项目安全预评价 第九条 本办法第七条规定以外的其他建设项目，生产经营单位应当对其安全生产条件和设施进行综合分析，形成书面报告备查

抽水蓄能项目核准开工流程如图 4.1 所示。

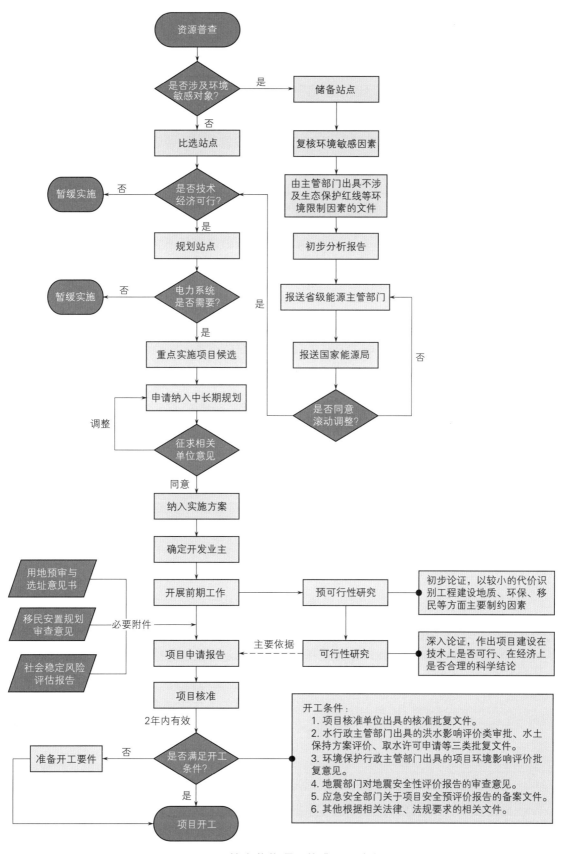

图 4.1 抽水蓄能项目核准开工流程

4.5 建设管理

经过多年的发展，水电工程项目建设管理已经形成了以国家宏观调控为指导、项目法人责任制为核心、招标投标制和建设监理制为支撑、合同管理制为依据的成熟体系。按照现行政策，抽水蓄能项目适用于水电建设管理、验收管理、安全鉴定和质量验收的相关规定。

4.5.1 建设管理责任

2011 年，国家能源局印发的《关于加强水电建设管理的通知》（国能新能〔2011〕156号）是全国抽水蓄能电站建设管理的主要依据。文件主要内容包括加强项目前期设计工作、高度重视工程建设质量、认真做好移民安置工作等，明确提出建设管理所涉及内容的相关责任方。

建设质量责任：建设单位对工程建设质量负总责，承担建设质量管理主体责任。

勘察设计质量责任：勘察设计单位对设计产品质量负责，对勘察设计质量负责。

建设监理责任：监理单位按照有关法律法规、技术标准和设计文件要求，认真开展工程建设监理工作，对工程建设质量负监理责任。

施工质量责任：施工单位是工程建设的实施主体，对建设工程的施工质量负责。

4.5.2 质量监督和安全鉴定

2013 年，国家能源局印发《水电工程质量监督管理规定和水电工程安全鉴定管理办法》（国能新能〔2013〕104 号）（以下简称《办法》）。

（1）质量监督

《办法》规定国家能源局负责全国水电工程质量监督管理工作，省级人民政府能源主管部门按规定权限负责或参与本行政区域内水电工程质量监督管理工作。

国家能源局委托水电建设工程质量监督总站（以下简称"总站"）负责国家核准（审批）水电工程质量监督具体工作。水电工程质量监督实行分级、属地管理。省级人民政府能源主管部门根据工作需要，可成立省级水电工程质量监督机构或委托水电建设工程质量监督总站（分站），负责本行政区域内地方核准（审批）水电工程质量监督具体工作。

国家能源局委托水电水利规划设计总院组建总站。分站是总站的派出机构，根据总站的授权负责区域内国家核准（审批）水电工程质量监督管理工作；大型水电项目、流域开发水电项目可设立项目站或流域站（统称项目站），一般由分站经总站批准组建。根据工程实际情况，总站可直接组建项目站。

（2）安全鉴定

《办法》规定国家能源局负责全国水电工程安全鉴定工作的管理、指导和监督。省级人民政府能源主管部门按规定权限负责和参与本行政区域内水电工程安全鉴定工作的管理、指导和监督。水电工程安全鉴定工作，由项目法人委托有资格的单位承担。特别重要项目的安全鉴定单位可由国家能源局直接指定。

承担国家核准（审批）的水电工程安全鉴定单位的资格管理，由国家能源局作出规定。承担地方核准（审批）的水电工程安全鉴定单位的资格管理，由省级人民政府能源主管部门作出规定。

目前，全国从事安全鉴定工作的单位主要有中国水利水电建设工程咨询有限公司、中国水利水电科学研究院两家单位。其中，中国水利水电建设工程咨询有限公司技术力量雄厚，在规划、地质、水工、施工、金属结构、机电、安全监测等相关专业都配置有较为强大的技术力量，工程经验丰富，占据了 85％以上大中型水电项目安全鉴定的市场份额。

4.5.3　验收管理

2015 年，国家能源局印发《水电工程验收管理办法》（2015 年修订版）（国能新能〔2015〕426 号），指出水电工程验收包括阶段验收和竣工验收两个阶段。其中，阶段验收分为工程截流验收、蓄水验收和水轮发电机组启动验收。截流验收和蓄水验收前应进行建设征地移民安置专项验收；竣工验收在枢纽工程、建设征地移民安置、环境保护、水土保持、消防、劳动安全与工业卫生、工程决算和工程档案专项验收的基础上进行。

国家能源局负责水电工程验收的监督管理工作。省级人民政府能源主管部门负责本行政区域内水电工程验收的管理、指导、协调和监督。跨省（自治区、直辖市）水电工程验收工作由项目所涉及省（自治区、直辖市）的省级人民政府能源主管部门共同负责。各级能源主管部门按规定权限负责和参与本行政区域内水电工程验收的管理、指导、协调和监督。

抽水蓄能电站的验收管理按照《水电工程验收管理办法》（2015 年修订版）执行。

4.6　运行管理

抽水蓄能电站建成投产后，将由建设期转入运行期，运行管理担负着运行期安全和调度的重要功能，涵盖了运行准备管理（包括电力生产准备、并网运行、上网电价制定及电力销售）、调度运行管理、运行期安全管理、电力市场监督管理四方面内容。

目前，抽水蓄能电站运行管理的主要依据是《国家能源局关于加强抽水蓄能电站运行管理工作的通知》（国能新能〔2013〕243号）和《国家能源局关于印发抽水蓄能电站调度运行导则的通知》（国能新能〔2013〕318号），主要规定了运行方式安排原则、水库调度管理、机组调度管理、机组检修与消缺、调度运行评价与监督等方面的内容。

5 前期工作情况

5.1　前期工作总体进展

2022 年，中长期发展规划重点实施项目中，全国共有 139 个项目预可行性研究报告通过审查，总装机容量 1.77 亿 kW；74 个项目可行性研究阶段三大专题报告通过审查，总装机容量 9689 万 kW；35 个项目可行性研究报告通过审查，总装机容量 4903 万 kW。

截至 2022 年年底，中长期发展规划重点实施项目中，全国已有 185 个项目预可行性研究报告通过审查，总装机容量 2.40 亿 kW；94 个项目可行性研究阶段三大专题报告通过审查，总装机容量 1.23 亿 kW；43 个项目可行性研究报告通过审查，总装机容量 5913 万 kW。

5.2　华北区域

5.2.1　河北省

2022 年，中长期发展规划重点实施项目中，河北省共有 3 个项目预可行性研究报告通过审查，总装机容量 500 万 kW；1 个项目可行性研究阶段三大专题报告通过审查，装机容量 140 万 kW；1 个项目可行性研究报告通过审查，装机容量 63 万 kW（见图 5.1）。截至 2022 年年底，中长期发展规划重点实施项目中，河北省 7 个项目预可行性研究报告已全部通过审查，总装机容量 943 万 kW；3 个项目可行性研究阶段三大专题报告通过审查，总装机容量 323 万 kW；1 个项目可行性研究报告通过审查，装机容量 63 万 kW。

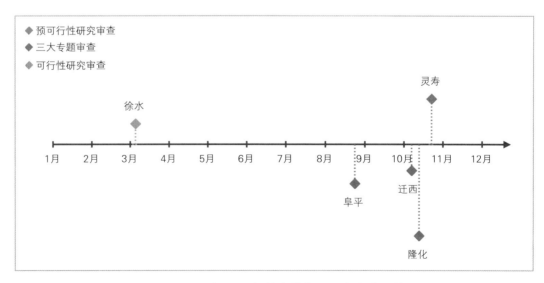

图 5.1　河北省 2022 年抽水蓄能项目审查进展情况

（1）阜平抽水蓄能电站

2022年8月，阜平抽水蓄能电站预可行性研究报告通过审查。电站位于河北省保定市阜平县境内，距石家庄市、保定市直线距离分别约105km、120km。电站装机容量120万kW，额定水头391m，距高比6.35。电站建成后服务河北南网，承担电力系统调峰、填谷、储能、调频、调相、紧急事故备用等任务。

（2）迁西抽水蓄能电站

2022年10月，迁西抽水蓄能电站预可行性研究报告通过审查。电站位于河北省唐山市迁西县境内，距唐山市、北京市直线距离分别约116km、177km。电站装机容量100万kW，额定水头310m，距高比7.0。电站建成后服务京津及冀北电网，承担电力系统调峰、填谷、储能、调频、调相、紧急事故备用等任务。

（3）隆化抽水蓄能电站

2022年10月，隆化抽水蓄能电站预可行性研究报告通过审查。电站位于河北省承德市隆化县境内，距承德市、北京市直线距离分别约31km、189km。电站装机容量280万kW，额定水头456m，距高比6.01。电站建成后主要服务京津及冀北电网，承担电力系统调峰、填谷、储能、调频、调相和紧急事故备用等任务。

（4）灵寿抽水蓄能电站

2022年10月，灵寿抽水蓄能电站可行性研究阶段三大专题报告通过审查。电站位于河北省石家庄市灵寿县境内，距石家庄市直线距离70km。电站装机容量140万kW，额定水头601m，距高比5.17。电站建成后主要服务河北南网，承担电力系统调峰、填谷、储能、调频、调相、紧急事故备用等仟务。

（5）徐水抽水蓄能电站

2022年3月，徐水抽水蓄能电站可行性研究报告通过审查。电站位于河北省保定市徐水区境内，距雄安新区、北京市直线距离分别约50km、120km。电站利用南水北调中线雄安调蓄库工程的上、下调蓄库作为蓄能电站上、下水库。电站装机容量63万kW，安装4台定速机组和1台变速机组，定速机组额定水头148m，变速机组额定水头118m，距高比约22。电站建成后服务范围为河北南网，就近服务雄安新区，在承担南水北调中线雄安调蓄库上、下水库之间连通任务的同时，承担电力系统调峰、填谷、调频、调相和紧急事故备用等任务。

5.2.2　山西省

2022年，中长期发展规划重点实施项目中，山西省共有9个项目预可行性研究报告通过审查，总装机容量1120万kW；4个项目可行性研究阶段三大专题报告通过审查，装机容量480万kW（见图5.2）。截至2022年年底，中长期发展规划重点实施项目中，山

西省已有 9 个项目预可行性研究报告通过审查，总装机容量 1060 万 kW；4 个项目可行性研究阶段三大专题报告通过审查，总装机容量 400 万 kW。

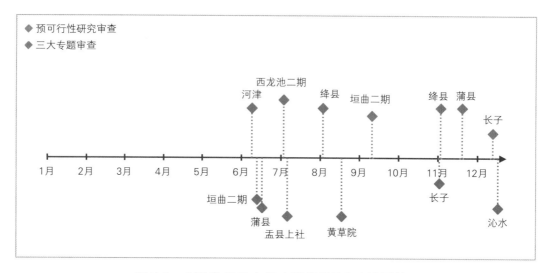

图 5.2　山西省 2022 年抽水蓄能项目审查进展情况

（1）河津抽水蓄能电站

2022 年 6 月，河津抽水蓄能电站预可行性研究报告通过审查。电站位于山西省运城市河津市境内，距运城市、太原市直线距离分别约 80km、302km。电站装机容量 120 万 kW，额定水头 395m，距高比 5.86。电站建成后服务山西电网，承担电力系统调峰、填谷、储能、调频、调相、紧急事故备用等任务。

（2）垣曲二期抽水蓄能电站

2022 年 6 月，垣曲二期抽水蓄能电站预可行性研究报告通过审查；2022 年 9 月，垣曲二期抽水蓄能电站可行性研究阶段三大专题报告通过审查。电站位于山西省运城市垣曲县，距运城市、太原市直线距离分别约 63km、315km。电站装机容量 120 万 kW，额定水头 387.4m，距高比 8.6。电站建成后服务山西电网，承担电力系统调峰、填谷、储能、调频、调相、紧急事故备用等任务。

（3）蒲县抽水蓄能电站

2022 年 6 月，蒲县抽水蓄能电站预可行性研究报告通过审查；2022 年 11 月，蒲县抽水蓄能电站可行性研究阶段三大专题报告通过审查。电站位于山西省临汾市蒲县境内，距临汾市、太原市直线距离分别约 60km、290km。电站装机容量 120 万 kW，额定水头 493m，距高比 5.53。电站建成后服务山西电网，承担电力系统调峰、填谷、储能、调频、调相、紧急事故备用及黑启动等任务。

（4）西龙池二期抽水蓄能电站

2022 年 7 月，西龙池二期抽水蓄能电站预可行性研究报告通过审查。电站位于山西

省忻州市五台县境内，距忻州市、太原市直线距离分别约 50km、100km。 电站装机容量 140 万 kW，额定水头 518m，距高比 3.96。 电站建成后主要服务山西电网，承担电力系统调峰、填谷、储能、调频、调相、紧急事故备用等任务。

（5）盂县上社抽水蓄能电站

2022 年 7 月，盂县上社抽水蓄能电站预可行性研究报告通过审查。 电站位于山西省阳泉市盂县境内，距阳泉市、太原市直线距离分别约 65km、95km。 电站装机容量 140 万 kW，额定水头 586m，距高比 7.0。 电站建成后主要服务山西电网，承担电力系统调峰、填谷、储能、调频、调相、紧急事故备用等任务。

（6）绛县抽水蓄能电站

2022 年 8 月，绛县抽水蓄能电站预可行性研究报告通过审查；2022 年 11 月，绛县抽水蓄能电站可行性研究阶段三大专题报告通过审查。 电站位于山西省运城市绛县境内，距运城市、太原市直线距离分别约 93km、280km。 电站装机容量 120 万 kW，额定水头 402m，距高比 6.4。 电站建成后主要服务山西电网，承担电力系统调峰、填谷、储能、调频、调相、紧急事故备用及黑启动等任务。

（7）黄草院抽水蓄能电站

2022 年 8 月，黄草院抽水蓄能电站预可行性研究报告通过审查。 电站位于山西省忻州市代县境内，距忻州市、太原市直线距离分别约 74km、138km。 电站装机容量 140 万 kW，额定水头 471m，距高比 7.9。 电站建成后主要服务山西电网，承担电力系统调峰、填谷、储能、调频、调相、紧急事故备用等任务。

（8）长子抽水蓄能电站

2022 年 11 月，长子抽水蓄能电站预可行性研究报告通过审查；2022 年 12 月，长子抽水蓄能电站可行性研究阶段三大专题报告通过审查。 电站位于山西省长治市长子县境内，距长治市、太原市直线距离分别约 43km、195km。 电站装机容量 120 万 kW，额定水头 437m，距高比 7.37。 电站建成后服务范围为山西电网，承担电力系统调峰、填谷、储能、调频、调相、紧急事故备用等任务。

（9）沁水抽水蓄能电站

2022 年 12 月，沁水抽水蓄能电站预可行性研究报告通过审查。 电站位于山西省晋城市沁水县境内，距晋城市、太原市直线距离分别约 72km、245km。 电站装机容量 120 万 kW，额定水头 301.7m，距高比 6.3。 电站建成后服务范围为山西电网，承担电力系统调峰、填谷、储能、调频、调相、紧急事故备用等任务。

5.2.3　内蒙古自治区西部

2022 年，中长期发展规划重点实施项目中，内蒙古自治区西部共有 1 个项目可行性研究报告通过审查，装机容量 120 万 kW（见图 5.3）。截至 2022 年年底，中长期发展规划重点实施项目中，内蒙古自治区西部地区已有 2 个项目预可行性研究报告通过审查，总装机容量 240 万 kW；1 个项目可行性研究报告通过审查，装机容量 120 万 kW。

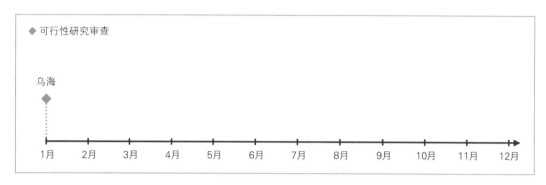

图 5.3　内蒙古自治区 2022 年抽水蓄能项目审查进展情况

2022 年 1 月，乌海抽水蓄能电站可行性研究报告通过审查。电站位于内蒙古自治区乌海市海勃湾区境内，距呼和浩特市、包头市直线距离分别约 441km、283km。电站装机容量 120 万 kW，额定水头 411m，距高比 5.7。电站建成后服务内蒙古电网，承担电力系统调峰、填谷、储能、调频、调相、紧急事故备用和黑启动等任务。

5.2.4　山东省

2022 年，中长期发展规划重点实施项目中，山东省共有 1 个项目预可行性研究报告通过审查，装机容量 118 万 kW（见图 5.4）。截至 2022 年年底，中长期发展规划重点实施项目中，山东省已有 1 个项目预可行性研究报告通过审查，总装机容量 118 万 kW。

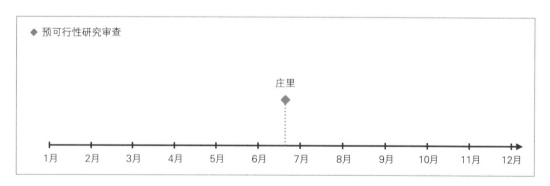

图 5.4　山东省 2022 年抽水蓄能项目审查进展情况

2022 年 6 月，庄里抽水蓄能电站预可行性研究报告通过审查。电站位于山东省枣庄市山亭区境内，距枣庄市、济南市直线距离分别约 30km、180km。电站装机容量 118 万 kW，额定水头 239m，距高比 12。电站建成后服务山东电网，承担电力系统调峰、填谷、储能、调频、调相、紧急事故备用和黑启动等任务。

5.3 东北区域

5.3.1 辽宁省

2022 年，中长期发展规划重点实施项目中，辽宁省共有 4 个项目预可行性研究报告通过审查，总装机容量 548 万 kW；2 个项目可行性研究阶段三大专题报告通过审查，总装机容量 280 万 kW；2 个项目可行性研究报告通过审查，总装机容量 280 万 kW（见图5.5）。截至 2022 年年底，中长期发展规划重点实施项目中，辽宁省已有 6 个项目预可行性研究报告通过审查，总装机容量 828 万 kW；2 个项目可行性研究报告通过审查，总装机容量 280 万 kW。

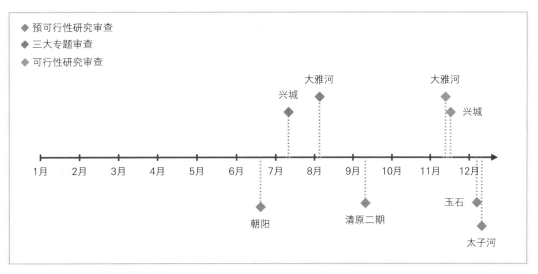

图 5.5 辽宁省 2022 年抽水蓄能项目审查进展情况

（1）朝阳抽水蓄能电站

2022 年 6 月，朝阳抽水蓄能电站预可行性研究报告通过审查。电站位于辽宁省朝阳市朝阳县境内，距朝阳市、沈阳市直线距离分别约 30km、280km。电站装机容量 130 万kW，额定水头 338m，距高比 9.06。电站建成后主要服务辽宁电网，承担电力系统调峰、填谷、储能、调频、调相、紧急事故备用等任务。

（2）清原二期抽水蓄能电站

2022 年 9 月，清原二期抽水蓄能电站预可行性研究报告通过审查。电站位于辽宁省抚顺市清原满族自治县境内，距抚顺市、沈阳市直线距离分别约 117km、176km。电站装机容量 120 万 kW，额定水头 385m，距高比 11。电站建成后主要服务辽宁电网，承担电力系统调峰、填谷、储能、调频、调相和紧急事故备用等任务。

（3）玉石抽水蓄能电站

2022 年 12 月，玉石抽水蓄能电站预可行性研究报告通过审查。电站位于辽宁省营口市盖州市境内，距营口市、沈阳市直线距离分别约 68km、184km。电站装机容量 118 万 kW，额定水头 298m，距高比 5.6。电站建成后服务辽宁电网，承担电力系统调峰、填谷、储能、调频、调相、紧急事故备用等任务。

（4）太子河抽水蓄能电站

2022 年 12 月，太子河抽水蓄能电站预可行性研究报告通过审查。电站位于辽宁省本溪市本溪县境内，距本溪市、沈阳市直线距离分别约 20km、62km。电站装机容量 180 万 kW，额定水头 426m，距高比 5.6。电站建成后服务范围为辽宁电网，承担电力系统调峰、填谷、储能、调频、调相和紧急事故备用等任务。

（5）兴城抽水蓄能电站 2022 年 7 月，兴城抽水蓄能电站可行性研究阶段三大专题报告通过审查；2022 年 11 月，兴城抽水蓄能电站可行性研究报告通过审查。电站位于辽宁省葫芦岛市兴城市境内，距兴城市、葫芦岛市、沈阳市直线距离分别约 40km、60km、320km。电站装机容量 120 万 kW，额定水头 367m，距高比约 5.5。电站建成后服务范围为辽宁电网，承担电力系统调峰、填谷、调频、调相和紧急事故备用等任务。

（6）大雅河抽水蓄能电站

2022 年 8 月，大雅河抽水蓄能电站可行性研究阶段三大专题报告通过审查；2022 年 11 月，大雅河抽水蓄能电站可行性研究报告通过审查。电站位于辽宁省本溪市桓仁满族自治县境内，距本溪市、沈阳市直线距离分别约 106km、152km。电站装机容量 160 万 kW，额定水头 615m，距高比 2.6，电站建成后服务辽宁电网，承担电力系统调峰、填谷、储能、调频、调相和紧急事故备用等任务。

5.3.2 吉林省

2022 年，中长期发展规划重点实施项目中，吉林省共有 6 个项目预可行性研究报告通过审查，总装机容量 960 万 kW；1 个项目可行性研究阶段三大专题报告通过审查，装机容量 180 万 kW（见图 5.6）。截至 2022 年年底，中长期发展规划重点实施项目中，吉林省 7 个项目预可行性研究报告已全部通过审查，总装机容量 1040 万 kW；1 个项目可行性研究阶段三大专题报告通过审查，装机容量 180 万 kW。

（1）塔拉河抽水蓄能电站

2022 年 6 月，塔拉河抽水蓄能电站预可行性研究报告通过审查。电站位于吉林省延边朝鲜族自治州敦化市境内，距敦化市、长春市直线距离分别约 62km、257km。电站装机容量 120 万 kW，额定水头 331m，距高比 4.9。电站建成后服务吉林电网，承担电力系统调峰、填谷、储能、调频、调相和紧急事故备用等任务。

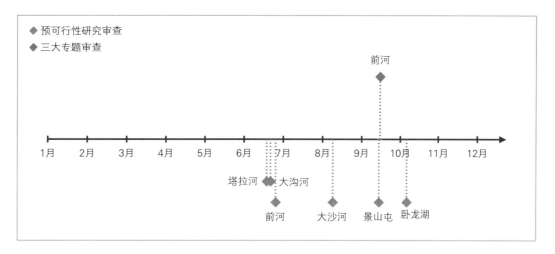

图 5.6　吉林省 2022 年抽水蓄能项目审查进展情况

（2）大沟河抽水蓄能电站

2022 年 6 月，大沟河抽水蓄能电站预可行性研究报告通过审查。电站位于吉林省敦化市境内，距敦化市、长春市直线距离分别约 50km、276km。电站装机容量 120 万 kW，额定水头 318m，距高比 5.8。电站建成后服务吉林电网，承担电力系统调峰、填谷、储能、调频、调相和紧急事故备用等任务。

（3）前河抽水蓄能电站

2022 年 6 月，前河抽水蓄能电站预可行性研究报告通过审查。2022 年 9 月，前河抽水蓄能电站可行性研究阶段三大专题报告通过审查。电站位于吉林省延边朝鲜族自治州汪清县境内，距延吉市、长春市直线距离分别约 56km、320km。电站装机容量 180 万 kW，额定水头 577m，距高比 5.6。电站建成后服务吉林电网，承担电力系统调峰、填谷、储能、调频、调相和紧急事故备用等任务。

（4）大沙河抽水蓄能电站

2022 年 8 月，大沙河抽水蓄能电站预可行性研究报告通过审查。电站位于吉林省延边朝鲜族自治州安图县境内，距延吉市、长春市直线距离分别约 81km、280km。电站装机容量 180 万 kW，额定水头 360m，距高比 7.8。电站建成后服务吉林电力系统调峰、填谷、储能、调频、调相和紧急事故备用等任务。

（5）景山屯抽水蓄能电站

2022 年 9 月，景山屯抽水蓄能电站预可行性研究报告通过审查。电站位于吉林省白山市靖宇县境内，距白山市、长春市直线距离分别约 80km、184km。电站装机容量 180 万 kW，额定水头 349m，距高比 8.9。电站建成后服务吉林电网，承担电力系统调峰、填谷、储能、调频、调相和紧急事故备用等任务。

（6）卧龙湖抽水蓄能电站

2022 年 10 月，卧龙湖抽水蓄能电站预可行性研究报告通过审查。电站位于吉林省延边朝鲜族自治州和龙市境内，距和龙市、长春市直线距离分别约 24km、314km。电站装机容量 180 万 kW，额定水头 532m，距高比 7.2。电站建成后服务吉林电网，承担电力系统调峰、填谷、储能、调频、调相和紧急事故备用等任务。

5.3.3 黑龙江省

2022 年，中长期发展规划重点实施项目中，黑龙江省共有 4 个项目预可行性研究报告通过审查，总装机容量 580 万 kW（见图 5.7）。截至 2022 年年底，中长期发展规划重点实施项目中，黑龙江省已有 5 个项目预可行性研究报告通过审查，总装机容量 700 万 kW；1 个项目可行性研究报告通过审查，装机容量 120 万 kW。

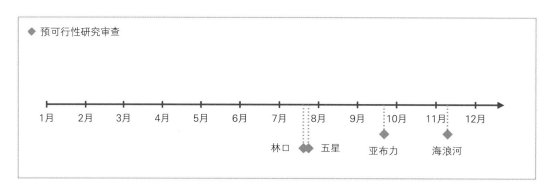

图 5.7 黑龙江省 2022 年抽水蓄能项目审查进展情况

（1）林口抽水蓄能电站

2022 年 7 月，林口抽水蓄能电站预可行性研究报告通过审查。电站位于黑龙江省牡丹江市林口县境内，距牡丹江市、哈尔滨市直线距离分别约 132km、275km。电站装机容量 180 万 kW，额定水头 336.9m，距高比 8.9。电站建成后服务黑龙江电网，承担电力系统调峰、填谷、储能、调频、调相、紧急事故备用等任务。

（2）五星抽水蓄能电站

2022 年 7 月，五星抽水蓄能电站预可行性研究报告通过审查。电站位于黑龙江省伊春市境内，距伊春市、哈尔滨市直线距离分别约 14km、270km。电站装机容量 180 万 kW，额定水头 444m，距高比 5.5。电站建成后服务黑龙江电网，承担电力系统调峰、填谷、储能、调频、调相、紧急事故备用等任务。

（3）亚布力抽水蓄能电站

2022 年 9 月，亚布力抽水蓄能电站预可行性研究报告通过审查。电站位于黑龙江省哈尔滨市尚志市境内，距尚志市、哈尔滨市直线距离分别约 142km、275km。电站装机容量 120 万 kW，额定水头 354m，距高比 8。电站建成后服务黑龙江电网，承担电力系统调

峰、填谷、储能、调频、调相和紧急事故备用等任务。

（4）海浪河抽水蓄能电站

2022 年 11 月，海浪河抽水蓄能电站预可行性研究阶段通过审查。电站位于黑龙江省牡丹江市海林市境内，距牡丹江市、哈尔滨市直线距离分别约 90km、198km。电站装机容量 120 万 kW，额定水头 326m，距高比 8.5。电站建成后服务黑龙江电网，承担电力系统调峰、填谷、储能、调频、调相、紧急事故备用等任务。

5.3.4　内蒙古自治区东部

截至 2022 年年底，内蒙古自治区东部尚未开展中长期发展规划重点实施项目的审查工作。

5.4　华东区域

5.4.1　江苏省

2022 年，中长期发展规划重点实施项目中，江苏省共有 1 个项目预可行性研究报告通过审查，装机容量 120 万 kW（见图 5.8）。截至 2022 年年底，中长期发展规划重点实施项目中，江苏省已有 2 个项目预可行性研究报告通过审查，总装机容量 240 万 kW；1个项目可行性研究阶段三大专题报告通过审查，装机容量 120 万 kW。

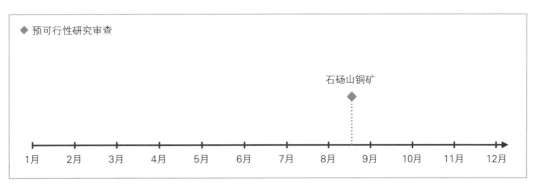

图 5.8　江苏省 2022 年抽水蓄能项目审查进展情况

2022 年 8 月，石砀山铜矿抽水蓄能电站预可行性研究报告通过审查。电站位于江苏省句容市境内，距镇江市、南京市直线距离分别约 25km、35km。电站装机容量 120 万 kW，额定水头 339m，距高比 3.51。电站建成后服务江苏电网，承担电力系统调峰、填谷、储能、调频、调相和紧急事故备用等任务。

5.4.2　浙江省

2022 年，中长期发展规划重点实施项目中，浙江省共有 16 个项目预可行性研究报告通过审查，总装机容量 1779.5 万 kW；14 个项目可行性研究阶段三大专题报告通过审查，总装机容量 1679.5 万 kW；3 个项目可行性研究报告通过审查，总装机容量 400 万 kW（见图 5.9）。

截至 2022 年年底，中长期发展规划重点实施项目中，浙江省已有 20 个项目预可行性研究报告通过审查，总装机容量 2449.5 万 kW；16 个项目可行性研究阶段三大专题报告通过审查，总装机容量 1969.5 万 kW；5 个项目可行性研究报告通过审查，装机容量 690 万 kW。

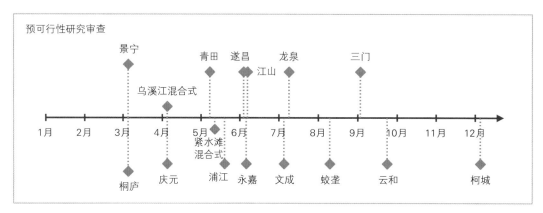

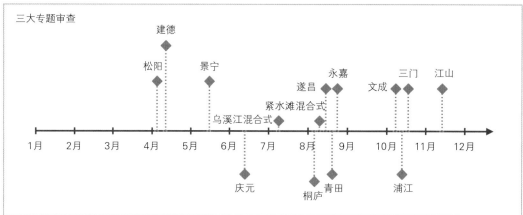

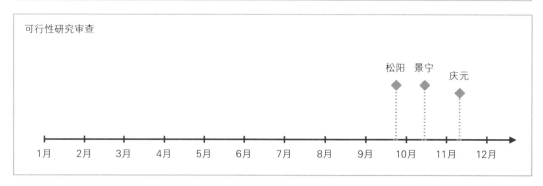

图 5.9　浙江省 2022 年抽水蓄能项目审查进展情况

（1）景宁抽水蓄能电站

2022 年 3 月，景宁抽水蓄能电站预可行性研究报告通过审查；2022 年 5 月，景宁抽水蓄能电站可行性研究阶段三大专题报告通过审查；2022 年 10 月，景宁抽水蓄能电站可行性研究报告通过审查。 电站位于浙江省丽水市景宁畲族自治县境内，距离丽水市、杭州市直线距离分别约 80km、270km。 电站装机容量 140 万 kW，额定水头 630m，距高比约 6.8。 电站建成后服务范围主要为浙江电网，同时与区域内电网优势互补，提升区域电网调度灵活性，承担电力系统调峰、填谷、储能、调频、调相和紧急事故备用等任务。

（2）桐庐抽水蓄能电站

2022 年 3 月，桐庐抽水蓄能电站预可行性研究报告通过审查；2022 年 8 月，电站可行性研究阶段三大专题报告通过审查。 电站位于浙江省杭州市桐庐县，距上海市、南京市直线距离分别约 240km、280km。 电站装机容量 120 万 kW，额定水头 531m，距高比 4.4。 电站建成后主要服务华东电网，承担电力系统调峰、填谷、储能、调频、调相及紧急事故备用等任务。

（3）乌溪江混合式抽水蓄能电站

2022 年 4 月，乌溪江混合式抽水蓄能电站预可行性研究报告通过审查；2022 年 7 月，乌溪江混合式抽水蓄能电站可行性研究阶段三大专题报告通过审查。 电站位于浙江省衢州市衢江区境内，距离衢州市、杭州市直线距离分别约 40km、220km。 上水库利用已建的湖南镇水电站水库，下水库利用已建的黄坛口水电站水库。 电站装机容量 29.8 万 kW，额定水头 102m，距高比 24.5。 电站建成后主要服务浙江电网，承担电力系统调峰、填谷、储能、调频、调相及紧急事故备用等任务。

（4）庆元抽水蓄能电站

2022 年 4 月，庆元抽水蓄能电站预可行性研究报告通过审查；2022 年 7 月，庆元抽水蓄能电站可行性研究阶段三大专题报告通过审查；2022 年 11 月，庆元抽水蓄能电站可行性研究报告通过审查。 电站位于浙江省丽水市庆元县境内，距丽水市、杭州市直线距离分别约 125km、318km。 电站装机容量 120 万 kW，额定水头 504m，距高比约 4.2。 电站建成后服务范围主要为浙江电网，同时与区域内电网优势互补，提升区域电网调度灵活性，承担电力系统调峰、填谷、储能、调频、调相和紧急事故备用等任务。

（5）青田抽水蓄能电站

2022 年 5 月，青田抽水蓄能电站预可行性研究报告通过审查；2022 年 8 月，青田抽水蓄能电站可行性研究阶段三大专题报告通过审查。 电站位于浙江省丽水市青田县境内，距温州市、杭州市直线距离分别约 65km、240km。 电站装机容量 120 万 kW，额定水头 426m，距高比 7.95。 电站建成后主要服务浙江电网，承担电力系统调峰、填谷、储能、调频、调相及紧急事故备用等任务。

（6）紧水滩混合式抽水蓄能电站

2022 年 5 月，紧水滩混合式抽水蓄能电站预可行性研究报告通过审查；2022 年 8 月，紧水滩混合式抽水蓄能电站可行性研究阶段三大专题报告通过审查。 电站位于浙江省丽水市云和县，距丽水市、杭州市直线距离分别约 50km、230km。 上水库利用已建的紧水滩水电站水库，下水库利用已建的石塘水电站水库。 电站装机容量 29.7 万 kW，额定水头 68m，距高比 20.96。 电站建成后主要服务浙江电网，承担电力系统调峰、填谷、储能、调频、调相及紧急事故备用等任务。

（7）浦江抽水蓄能电站

2022 年 5 月，浦江抽水蓄能电站预可行性研究报告通过审查；2022 年 10 月，浦江抽水蓄能电站可行性研究阶段三大专题报告通过审查。 电站位于浙江省金华市浦江县境内，距金华市、杭州市直线距离分别约 40km、100km。 电站装机容量 120 万 kW，额定水头 387m，距高比 7.3。 电站建成后主要服务浙江电网，承担电力系统调峰、填谷、储能、调频、调相及紧急事故备用等任务。

（8）遂昌抽水蓄能电站

2022 年 6 月，遂昌抽水蓄能电站预可行性研究报告通过审查；2022 年 8 月，遂昌抽水蓄能电站可行性研究阶段三大专题报告通过审查。 电站位于浙江省丽水市遂昌县境内，距丽水市、杭州市直线距离分别约 65km、220km。 电站装机容量 120 万 kW，额定水头 521m，距高比 4.1。 电站建成后主要服务浙江电网，承担电力系统调峰、填谷、储能、调频、调相及紧急事故备用等任务。

（9）永嘉抽水蓄能电站

2022 年 6 月，永嘉抽水蓄能电站预可行性研究报告通过审查；2022 年 8 月，永嘉抽水蓄能电站可行性研究阶段三大专题报告通过审查。 电站位于浙江省温州市永嘉县境内，距温州市、杭州市直线距离分别约 20km、240km。 电站装机容量 120 万 kW，额定水头 562m，距高比 5.5。 电站建成后主要服务浙江电网，同时与华东电网形成区域内优势互补，提升华东电网调度灵活性，承担电力系统调峰、填谷、储能、调频、调相及紧急事故备用等任务。

（10）江山抽水蓄能电站

2022 年 6 月，江山抽水蓄能电站预可行性研究报告通过审查；2022 年 11 月，江山抽水蓄能电站可行性研究阶段三大专题报告通过审查。 电站位于浙江省衢州市江山市境内，距衢州市、杭州市直线距离分别约 35km、230km。 电站装机容量 120 万 kW，额定水头 394m，距高比 8.1。 电站建成后主要服务浙江电网，同时与华东电网形成区域内优势互补，提升华东电网调度灵活性，承担电力系统调峰、填谷、储能、调频、调相及紧急事故备用等任务。

（11）龙泉抽水蓄能电站

　　2022 年 7 月，龙泉抽水蓄能电站预可行性研究报告通过审查。 电站位于浙江省龙泉市，距丽水市、杭州市直线距离分别约 110km、275km。 电站装机容量 120 万 kW，额定水头 408m，距高比 5.2。 电站建成后服务范围主要为浙江电网，同时与华东电网形成区域内优势互补，提升华东电网调度灵活性，承担电力系统调峰、填谷、储能、调频、调相和紧急事故备用等任务。

　　（12）文成抽水蓄能电站

　　2022 年 7 月，文成抽水蓄能电站预可行性研究报告通过审查；2022 年 10 月，文成抽水蓄能电站可行性研究阶段三大专题报告通过审查。 电站位于浙江省温州市文成县境内，距温州市、杭州市直线距离分别约 60km、260km。 电站装机容量 120 万 kW，额定水头 388m，距高比 6.1。 电站建成后主要服务浙江电网，同时与华东电网形成区域内优势互补，提升华东电网调度灵活性，承担电力系统调峰、填谷、储能、调频、调相及紧急事故备用等任务。

　　（13）蛟垄抽水蓄能电站

　　2022 年 8 月，蛟垄抽水蓄能电站预可行性研究报告通过审查。 电站位于浙江省衢州市境内，距金华市、杭州市直线距离分别约 100km、200km。 电站装机容量 120 万 kW，额定水头 304m，距高比 11.9。 电站建成后服务范围主要为浙江电网，同时与华东电网形成区域内优势互补，提升华东电网调度灵活性，承担电力系统调峰、填谷、储能、调频、调相和紧急事故备用等任务。

　　（14）三门抽水蓄能电站

　　2022 年 9 月，三门抽水蓄能电站预可行性研究报告通过审查；2022 年 10 月，三门抽水蓄能电站可行性研究阶段三大专题报告通过审查。 电站位于浙江省台州市三门县境内，距台州市、杭州市直线距离分别约 35km、190km。 电站装机容量 120 万 kW，额定水头 260m，距高比 5.3。 电站建成后主要服务浙江电网，同时与华东电网形成区域内优势互补，提升华东电网调度灵活性，承担电力系统调峰、填谷、储能、调频、调相及紧急事故备用等任务。

　　（15）云和抽水蓄能电站

　　2022 年 9 月，云和抽水蓄能电站预可行性研究报告通过审查。 电站位于浙江省丽水市云和县，距丽水市、杭州市直线距离分别约 40km、235km，电站装机容量 120 万 kW，额定水头 426m，距高比 5.3。 电站建成后服务范围为浙江电网，同时与华东电网形成区域内优势互补，提升华东电网调度灵活性，承担电力系统调峰、填谷、储能、调频、调相和紧急事故备用等任务。

　　（16）柯城抽水蓄能电站

　　2022 年 12 月，柯城抽水蓄能电站预可行性研究报告通过审查。 电站位于浙江省衢

州市柯城区，距金华市、杭州市直线距离分别约 90km 和 200km。 电站装机容量 120 万 kW，额定水头 370m，距高比 5.6。 电站建成后服务范围为浙江电网，同时与华东电网形成区域内优势互补，提升华东电网调度灵活性，承担电力系统调峰、填谷、储能、调频、调相和紧急事故备用等任务。

（17）松阳抽水蓄能电站

2022 年 4 月，松阳抽水蓄能电站预可行性研究阶段三大专题报告通过审查；2022 年 9 月，松阳抽水蓄能电站可行性研究报告通过审查。 电站位于浙江省丽水市松阳县境内，距丽水市、杭州市直线距离分别约 55km、220km。 电站装机容量 140 万 kW，额定水头 486m，距高比约 5.9。 电站建成后服务范围主要为浙江电网，同时与华东电网形成区域内优势互补，提升华东电网调度灵活性，承担电力系统调峰、填谷、储能、调频、调相和紧急事故备用等任务。

（18）建德抽水蓄能电站

2022 年 4 月，建德抽水蓄能电站可行性研究阶段三大专题报告通过审查。 电站位于浙江省建德市境内，距杭州市、上海市直线距离分别约 100km、260km。 下水库利用已建的富春江水库。 电站装机容量 240 万 kW，额定水头 684m，距高比 3.9。 电站建成后主要服务华东电网，主要服务江苏省、上海市和浙江省，承担电网的调峰、填谷、储能、调频、调相和备用等任务。

5.4.3　安徽省

2022 年，安徽省共有 4 个项目预可行性研究报告通过审查，总装机容量 500 万 kW；2 个项目可行性研究报告通过审查，总装机容量 240 万 kW（见图 5.10）。 截至 2022 年年底，中长期发展规划重点实施项目中，安徽省已有 8 个项目预可行性研究报告通过审查，总装机容量 980 万 kW；3 个项目可行性研究报告通过审查，总装机容量 360 万 kW。

（1）里庄抽水蓄能电站

2022 年 6 月，里庄抽水蓄能电站预可行性研究报告通过审查。 电站位于安徽省黄山市休宁县境内，距黄山市、合肥市直线距离分别约 25km、245km。 电站装机容量 120 万 kW，额定水头 361m，距高比 6.5。 电站建成后服务华东电网，承担电力系统调峰、填谷、储能、调频、调相、紧急事故备用等任务。

（2）家朋抽水蓄能电站

2022 年 9 月，家朋抽水蓄能电站预可行性研究报告通过审查。 电站位于安徽省宣城市绩溪县境内，距合肥市、南京市、上海市直线距离分别约 235km、200km、275km。 电站装机容量 140 万 kW，额定水头 578m，距高比 5.83。 电站建成后服务华东电网，承担电力系统调峰、填谷、储能、调频、调相、紧急事故备用等任务。

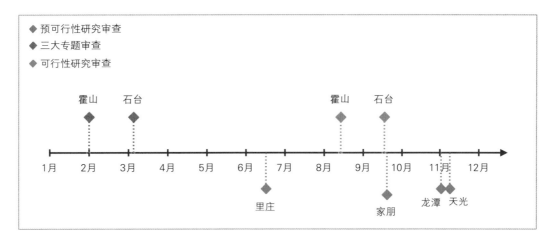

图 5.10　安徽省 2022 年抽水蓄能项目审查进展情况

（3）龙潭抽水蓄能电站

2022 年 11 月，龙潭抽水蓄能电站预可行性研究报告通过审查。电站位于安徽省宣城市宁国市境内，距合肥市、上海市直线距离分别约 215km、250km。电站装机容量 120 万 kW，额定水头 508m，距高比 6.65。电站建成后服务华东电网，承担电力系统调峰、填谷、储能、调频、调相、紧急事故备用等任务。

（4）天光抽水蓄能电站

2022 年 11 月，天光抽水蓄能电站预可行性研究报告通过审查。电站位于安徽省安庆市太湖县境内，距安庆、合肥直线距离分别约 95km、170km。电站装机容量 120 万 kW，额定水头 369m，距高比 7.45。电站建成后服务安徽电网，承担电力系统调峰、填谷、储能、调频、调相、紧急事故备用等任务。

（5）霍山抽水蓄能电站

2022 年 2 月，霍山抽水蓄能电站可行性研究阶段三大专题报告通过审查。2022 年 8 月，霍山抽水蓄能电站可行性研究报告通过审查。电站位于安徽省六安市霍山县，距合肥、六安城区直线距离分别约 112km、57km。电站装机容量 120 万 kW，额定水头 359m，距高比 7.1。电站建成后服务安徽电网，同时为华东电网提供灵活调度和网间互补服务，承担电力系统调峰、填谷、储能、调频、调相、紧急事故备用等任务。

（6）石台抽水蓄能电站

2022 年 3 月，石台抽水蓄能电站可行性研究阶段三大专题报告通过审查。2022 年 9 月，石台抽水蓄能电站可行性研究报告通过审查。电站位于安徽省池州市石台县境内，距合肥市直线距离约 185km。电站装机容量 120 万 kW，额定水头 474m，距高比 4.0。电站建成后服务安徽电网，同时与华东电网形成区域内优势互补，提升华东电网调度灵活性，承担电力系统调峰、填谷、储能、调频、调相、紧急事故备用等任务。

5.4.4 福建省

2022 年，中长期发展规划重点实施项目中，福建省共有 5 个项目预可行性研究报告通过审查，总装机容量 545kW；3 个项目可行性研究阶段三大专题报告通过审查，总装机容量 400 万 kW（见图 5.11）。截至 2022 年年底，中长期发展规划重点实施项目中，福建省已有 5 个项目预可行性研究报告通过审查，总装机容量 545 万 kW；4 个项目可行性研究阶段三大专题报告通过审查，总装机容量 425 万 kW。

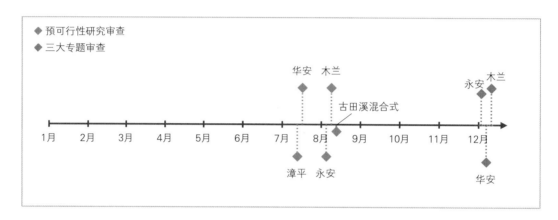

图 5.11　福建省 2022 年抽水蓄能项目审查进展情况

（1）漳平抽水蓄能电站

2022 年 7 月，漳平抽水蓄能电站预可行性研究报告通过审查。电站位于福建省龙岩市漳平市，距厦门市、福州市直线距离分别约 150km、210km。电站装机容量 120 万 kW，额定水头 419m，距高比 6.5。电站建成后服务福建电网，承担电力系统调峰、填谷、储能、调频、调相和紧急事故备用等任务。

（2）华安抽水蓄能电站

2022 年 7 月，华安抽水蓄能电站预可行性研究报告通过审查；2022 年 12 月，华安抽水蓄能电站可行性研究阶段三大专题报告通过审查。电站位于福建省漳州市华安县，距厦门、泉州直线距离分别约 65km、105km。电站装机容量 140 万 kW，额定水头 451m，距高比 7.9。电站建成后服务福建电网，承担电力系统调峰、填谷、储能、调频、调相和紧急事故备用等任务。

（3）永安抽水蓄能电站

2022 年 8 月，永安抽水蓄能电站预可行性研究报告通过审查；2022 年 12 月，永安抽水蓄能电站可行性研究阶段三大专题报告通过审查。电站位于福建省三明市永安市境内，距三明市、福州市直线距离分别约 75km、225km。电站装机容量 120 万 kW，额定水头 449m，距高比 4.2。电站建成后服务福建电网，承担电力系统调峰、填谷、储能、调

频、调相和紧急事故备用等任务。

（4）木兰抽水蓄能电站

2022 年 8 月，木兰抽水蓄能电站预可行性研究报告通过审查；2022 年 12 月，木兰抽水蓄能电站可行性研究阶段三大专题报告通过审查。 电站位于福建省莆田市仙游县境内，距泉州市、福州市直线距离分别约 66km、85km。 电站装机容量 1400 万 kW，额定水头 570m，距高比 4.2。 电站建成后服务福建电网，承担电力系统调峰、填谷、储能、调频、调相和紧急事故备用等任务。

（5）古田溪混合式抽水蓄能电站

2022 年 8 月，古田溪混合式抽水蓄能电站预可行性研究报告通过审查。 电站位于福建省宁德市古田县境内，距福州市、宁德市直线距离分别约 70km、80km。 电站装机容量 25 万 kW，额定水头 119m，距高比 23.4。 电站建成后服务福建电网，承担电力系统调峰、填谷、储能、调频、调相和紧急事故备用等任务。

5.5　华中区域

5.5.1　江西省

2022 年，中长期发展规划重点实施项目中，江西省共有 5 个项目预可行性研究报告通过审查，总装机容量 600 万 kW；2 个项目可行性研究阶段三大专题报告通过审查，总装机容量 300 万 kW；1 个项目可行性研究报告通过审查，总装机容量 180 万 kW（见图 5.12）。 截至 2022 年年底，中长期发展规划重点实施项目中，江西省已有 6 个项目预可行性研究报告通过审查，总装机容量 780 万 kW；2 个项目可行性研究阶段三大专题报告通过审查，总装机容量 300 万 kW；1 个项目可行性研究报告通过审查，总装机容量 180 万 kW。

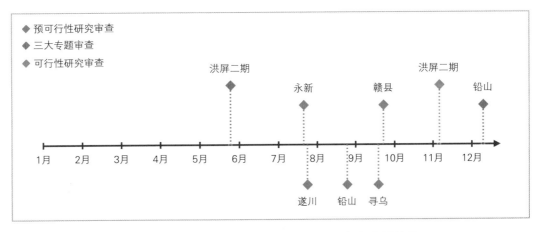

图 5.12　江西省 2022 年抽水蓄能项目审查进展情况

（1）永新抽水蓄能电站

2022 年 7 月，永新抽水蓄能电站预可行性研究报告通过审查。电站位于江西省吉安市永新县境内，地处赣中，距吉安市、南昌市直线距离分别约 65km、230km。电站装机容量 120 万 kW，额定水头 308m，距高比 8.2。电站建成后服务江西电网，承担电力系统调峰、填谷、储能、调频、调相和紧急事故备用等任务。

（2）遂川抽水蓄能电站

2022 年 7 月，遂川抽水蓄能电站预可行性研究报告通过审查。电站位于江西省吉安市遂川县，距吉安市、南昌市直线距离分别约 95km、346km。电站装机容量 120 万 kW，额定水头 355m，距高比 8.1。电站建成后服务江西电网，承担电力系统调峰、填谷、储能、调频、调相和紧急事故备用等任务。

（3）铅山抽水蓄能电站

2022 年 8 月，铅山抽水蓄能电站预可行性研究报告通过审查；2022 年 12 月，铅山抽水蓄能电站可行性研究阶段三大专题报告通过审查。电站位于江西省上饶市铅山县，距鹰潭市、抚州市直线距离分别约 70km、130km。电站装机容量 120 万 kW，额定水头 418m，距高比 4.9。电站建成后服务江西电网，承担电力系统调峰、填谷、储能、调频、调相和紧急事故备用等任务。

（4）寻乌抽水蓄能电站

2022 年 9 月，寻乌抽水蓄能电站预可行性研究报告通过审查。电站位于江西省赣州市寻乌县，距赣州市、南昌市直线距离分别约 110km、410km。电站装机容量 120 万 kW，额定水头 388m，距高比 8.6。电站建成后服务江西电网，承担电力系统调峰、填谷、储能、调频、调相和紧急事故备用等任务。

（5）赣县抽水蓄能电站

2022 年 9 月，赣县抽水蓄能电站预可行性研究报告通过审查。电站位于江西省赣州市赣县区境内，距赣州市、南昌市直线距离分别约 15km、340km。电站装机容量 120 万 kW，额定水头 394m，距高比 7.7。电站建成后服务江西电网，承担电力系统调峰、填谷、储能、调频、调相和紧急事故备用等任务。

（6）洪屏二期抽水蓄能电站

2022 年 5 月，洪屏二期抽水蓄能电站可行性研究阶段三大专题报告通过审查；2022 年 11 月，洪屏二期抽水蓄能电站可行性研究报告通过审查。电站位于江西省西北部靖安县境内，距九江市、武汉市直线距离分别约 100km、190km。电站装机容量 180 万 kW，额定水头 540m，距高比 4.54。电站建成后服务江西电网，承担电力系统调峰、填谷、储能、调频、调相和紧急事故备用等任务。

5.5.2　河南省

2022 年，中长期发展规划重点实施项目中，河南省共有 5 个项目预可行性研究报告通过审查，总装机容量 630 万 kW；5 个项目可行性研究阶段三大专题报告通过审查，总装机容量 750 万 kW；1 个项目可行性研究报告通过审查，装机容量 180 万 kW（见图 5.13）。截至 2022 年年底，中长期发展规划重点实施项目中，河南省已有 6 个项目预可行性研究报告通过审查，总装机容量 780 万 kW；5 个项目可行性研究阶段三大专题报告通过审查，总装机容量 750 万 kW；1 个项目可行性研究报告通过审查，装机容量 180 万 kW。

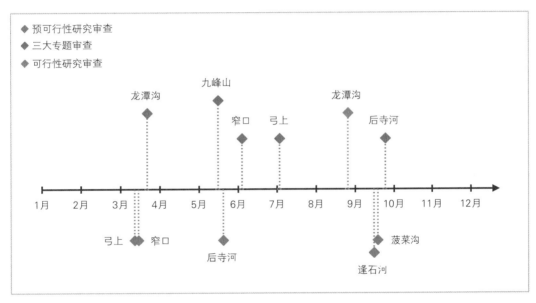

图 5.13　河南省 2022 年抽水蓄能项目审查进展情况

（1）弓上抽水蓄能电站

2022 年 3 月，弓上抽水蓄能电站预可行性研究报告通过审查；2022 年 7 月，弓上抽水蓄能电站可行性研究阶段三大专题报告通过审查。电站位于河南省安阳市林州市境内，距安阳市、郑州市直线距离分别约 60km、140km。电站装机容量 120 万 kW，额定水头 394m，距高比 5.3。电站建成后服务河南电网，承担电力系统调峰、填谷、储能、调频、调相和紧急事故备用等任务。

（2）窄口抽水蓄能电站

2022 年 3 月，窄口抽水蓄能电站预可行性研究报告通过审查；2022 年 6 月，窄口抽水蓄能电站可行性研究阶段三大专题报告通过审查。电站位于河南省三门峡市灵宝市境内，距三门峡市、郑州市直线距离分别约 80km、280km。电站装机容量 120 万 kW，额定水头 300m，距高比 10.6。电站建成后服务河南电网，承担电力系统调峰、填谷、储能、

调频、调相和紧急事故备用等任务。

（3）后寺河抽水蓄能电站

2022 年 5 月，后寺河抽水蓄能电站预可行性研究报告通过审查；2022 年 9 月，后寺河抽水蓄能电站可行性研究阶段三大专题报告通过审查。 电站位于河南省郑州市巩义市境内，距巩义市、郑州市直线距离分别约 7km、50km。 电站装机容量 120 万 kW，额定水头 532m，距高比 4.47。 电站建成后服务河南电网，承担电力系统调峰、填谷、储能、调频、调相和紧急事故备用等任务。

（4）逢石河抽水蓄能电站

2022 年 9 月，逢石河抽水蓄能电站预可行性研究报告通过审查。 电站位于河南省济源市境内，距郑州市直线距离约 130km。 电站装机容量 150 万 kW，额定水头 241m，距高比 5.1。 电站建成后服务河南电网，承担电力系统调峰、填谷、储能、调频、调相和紧急事故备用等任务。

（5）菠菜沟抽水蓄能电站

2022 年 9 月，菠菜沟抽水蓄能电站预可行性研究报告通过审查。 电站位于河南省洛阳市汝阳县境内，距洛阳市、郑州市直线距离分别约 70km、140km。 电站装机容量 120 万 kW，额定水头 414m，距高比 8.53。 电站建成后服务河南电网，承担电力系统调峰、填谷、储能、调频、调相和紧急事故备用等任务。

（6）龙潭沟抽水蓄能电站

2022 年 3 月，龙潭沟抽水蓄能电站可行性研究阶段三大专题报告通过审查；2022 年 8 月，龙潭沟抽水蓄能电站可行性研究报告通过审查。 电站位于河南省洛阳市高县境内，距洛阳市郑州市直线距离分别约 100km、170km。 电站装机容量 180 万 kW，额定水头 425m，距高比 7.2。 电站建成后服务河南电网，承担电力系统调峰、填谷、储能、调频、调相和紧急事故备用等任务。

（7）九峰山抽水蓄能电站

2022 年 5 月，九峰山抽水蓄能电站可行性研究阶段三大专题报告通过审查。 电站位于河南省新乡市辉县市黄水乡境内，距新乡市、郑州市直线距离分别约 40km、75km。 电站装机容量 210 万 kW，额定水头 682m，距高比 3.2。 电站建成后服务河南电网，承担电力系统调峰、填谷、储能、调频、调相和紧急事故备用等任务。

5.5.3 湖北省

2022 年，中长期发展规划重点实施项目中，湖北省共有 14 个项目预可行性研究报告通过审查，总装机容量 1489.6 万 kW；12 个项目可行性研究阶段三大专题报告通过审查，总装机容量 1389.8 万 kW；6 个项目可行性研究报告通过审查，总装机容量 690

万 kW（见图 5.14）。 截至 2022 年年底，中长期发展规划重点实施项目中，湖北省已有 19 个项目预可行性研究报告通过审查，总装机容量 2149.6 万 kW；13 个项目可行性研究阶段三大专题报告通过审查，总装机容量 1529.6 万 kW；6 个项目可行性研究报告通过审查，总装机容量 690 万 kW。

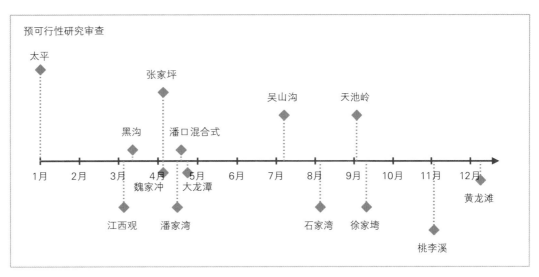

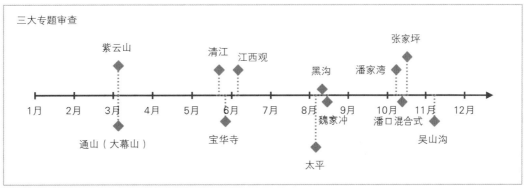

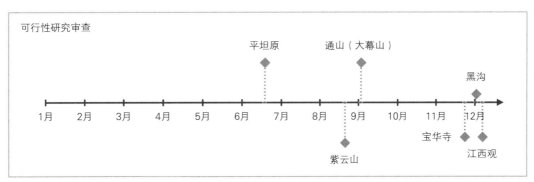

图 5.14 湖北省 2022 年抽水蓄能项目审查进展情况

（1）太平抽水蓄能电站

2022 年 1 月，太平抽水蓄能电站预可行性研究报告通过审查；2022 年 8 月，太平抽

水蓄能电站可行性研究阶段三大专题报告通过审查。电站位于宜昌市五峰土家族自治县牛庄乡、采花乡，距武汉市、宜昌市直线距离分别约 378km、103km。电站装机容量 240 万 kW，额定水头 696m，距高比 6.9。电站建成后服务湖北电网，承担电力系统调峰、填谷、调频、调相、储能和紧急事故备用等任务。

（2）江西观抽水蓄能电站

2022 年 3 月，江西观抽水蓄能电站预可行性研究报告通过审查；2022 年 6 月，江西观抽水蓄能电站可行性研究阶段三大专题报告通过审查；2022 年 12 月，江西观抽水蓄能电站可行性研究报告通过审查。电站位于湖北省荆州市松滋市，距荆州市、武汉市直线距离分别约 93km、290km。电站装机容量 120 万 kW，额定水头 375m，距高比 2.54。电站建成后服务湖北电网，承担电力系统调峰、填谷、储能、调频、调相和紧急事故备用等任务。

（3）黑沟抽水蓄能电站

2022 年 3 月，黑沟抽水蓄能电站预可行性研究报告通过审查；2022 年 8 月，黑沟抽水蓄能电站可行性研究阶段三大专题报告通过审查；2022 年 12 月，黑沟抽水蓄能电站可行性研究报告通过审查。电站位于湖北省孝感市大悟县境内，距孝感市、武汉市直线距离分别约 60km、100km。电站装机容量 30 万 kW，额定水头 191m，距高比 7.46。电站建成后服务湖北电网，主要服务孝感电网，承担电力系统调峰、填谷、储能、调频、调相和紧急事故备用等任务，提高系统灵活调节能力和电网新能源消纳能力。

（4）魏家冲抽水蓄能电站

2022 年 4 月，魏家冲抽水蓄能电站预可行性研究报告通过审查；2022 年 8 月，魏家冲抽水蓄能电站可行性研究阶段三大专题报告通过审查。电站位于湖北省黄冈市团风县境内，距黄冈市、武汉市直线距离分别约 38km、70km。电站装机容量 30 万 kW，额定水头 168m，距高比 6.8。电站建成后服务湖北电网，承担电力系统调峰、填谷、调频、调相、储能和紧急事故备用等，促进本地新能源就近消纳等。

（5）张家坪抽水蓄能电站

2022 年 4 月，张家坪抽水蓄能电站预可行性研究报告通过审查；2022 年 10 月，张家坪抽水蓄能电站可行性研究阶段三大专题报告通过审查。电站位于湖北省襄阳市南漳县境内，距武汉市、襄阳市直线距离分别约 300km、50km。电站规划装机容量 180 万 kW，电站装机容量 180 万 kW，额定水头 514m，距高比 3.9。电站建成后服务湖北电网，承担电力系统调峰、填谷、调频、调相、储能和紧急事故备用等任务。

（6）潘家湾抽水蓄能电站

2022 年 4 月，潘家湾抽水蓄能电站预可行性研究报告通过审查；2022 年 10 月，潘家湾抽水蓄能电站可行性研究阶段三大专题报告通过审查。电站位于湖北省宜都市潘家湾土家族乡境内，距宜昌市、武汉市直线距离分别约 50km、290km。电站装机容量 120 万

kW，额定水头 464m，距高比 6.4。 电站建成后服务湖北电网，承担电力系统调峰、填谷、储能、调频、调相和紧急事故备用等。

（7）潘口混合式抽水蓄能电站

2022 年 4 月，潘口混合式抽水蓄能电站预可行性研究报告通过审查；2022 年 10 月，潘口混合式抽水蓄能电站可行性研究阶段三大专题报告通过审查。 电站位于湖北省十堰市竹山县，距武汉市、十堰市直线距离分别约 430km、76km。 电站装机容量 30 万 kW，额定水头 82m，距高比 12.6。 电站建成后服务湖北电网，承担电力系统调峰、填谷、储能、调频、调相和紧急事故备用等任务。

（8）大龙潭抽水蓄能电站

2022 年 4 月，大龙潭抽水蓄能电站预可行性研究报告通过审查。 电站位于湖北省恩施土家族苗族自治州恩施市境内，距武汉市、恩施市直线距离分别约 466km、12km。 电站装机容量 50 万 kW，额定水头 368m，距高比 8.41。 电站建成后服务湖北电网，主要服务恩施地区，承担湖北电力系统调峰、填谷、储能、调频、调相和紧急事故备用等，促进地区新能源开发与消纳。

（9）吴山沟抽水蓄能电站

2022 年 7 月，吴山沟抽水蓄能电站预可行性研究报告通过审查；2022 年 11 月，吴山沟抽水蓄能电站可行性研究阶段三大专题报告通过审查。 电站位于湖北省十堰市房县境内，距武汉市、十堰市直线距离分别约 420km、40km。 电站装机容量 120 万 kW，额定水头 452m，距高比 4.4。 电站建成服务湖北电网，承担电力系统调峰、填谷、储能、调频、调相和紧急事故备用等任务。

（10）石家湾抽水蓄能电站

2022 年 8 月，石家湾抽水蓄能电站预可行性研究报告通过审查。 电站位于湖北省恩施土家族苗族自治州建始县境内，距武汉市、恩施州直线距离分别约 420km、57km。 电站装机容量 140 万 kW，额定水头 634m，距高比 3.0。 电站建成后服务湖北电网，承担电力系统调峰、填谷、储能、调频、调相和紧急事故备用等，促进地区新能源开发与消纳。

（11）天池岭抽水蓄能电站

2022 年 9 月，天池岭抽水蓄能电站预可行性研究报告通过审查。 电站位于湖北省十堰市竹山县境内，距武汉市、十堰市直线距离分别约 432km、93km。 电站装机容量 120 万 kW，额定水头 445m，距高比 4.45。 电站建成后服务湖北电网，承担电力系统调峰、填谷、储能、调频、调相和紧急事故备用等任务。

（12）徐家垮抽水蓄能电站

2022 年 9 月，徐家垮抽水蓄能电站预可行性研究报告通过审查。 电站位于湖北省随州市随县境内，距随州市、武汉市直线距离分别约 54km、178km。 电站装机容量 120 万

kW，额定水头 394m，距高比 7.92。 电站建成后服务湖北电网，承担电力系统调峰、填谷、储能、调频、调相和紧急事故备用等任务。

（13）桃李溪抽水蓄能电站

2022 年 11 月，桃李溪抽水蓄能电站预可行性研究报告通过审查。 电站位于湖北省恩施州巴东县境内，距恩施州、武汉市直线距离分别约 66km、400km。 电站装机容量 210 万 kW，额定水头 524m，距高比 4.45。 电站建成后服务湖北电网，承担电力系统调峰、填谷、储能、调频、调相和紧急事故备用等任务。

（14）黄龙滩抽水蓄能电站

2022 年 12 月，黄龙滩抽水蓄能电站预可行性研究报告通过审查。 黄龙滩抽水蓄能电站位于湖北省十堰市张湾区，距武汉市、十堰市直线距离分别约 426km、26km。 电站装机容量 50 万 kW，额定水头 255m，距高比 4.47。 电站建成后服务湖北电网，主要服务十堰地区，承担电力系统调峰、填谷、储能、调频、调相和紧急事故备用等任务。

（15）通山（大幕山）抽水蓄能电站

2022 年 3 月，通山（大幕山）抽水蓄能电站可行性研究阶段三大专题报告通过审查；2022 年 9 月，通山（大幕山）抽水蓄能电站可行性研究报告通过审查。 电站位于湖北省咸宁市通山县境内，距武汉市直线距离约 62km。 电站装机容量 140 万 kW，额定水头 494m，距高比 5.1。 电站建成后服务湖北南网，承担湖北电力系统调峰、填谷、调频、调相、储能和紧急事故备用等任务。

（16）紫云山抽水蓄能电站

2022 年 3 月，紫云山抽水蓄能电站可行性研究阶段三大专题报告通过审查；2022 年 8 月，紫云山抽水蓄能电站可行性研究报告通过审查。 电站位于湖北省黄冈市黄梅县境内，距黄冈市、武汉市直线距离分别约 99km、136km。 电站装机容量 140 万 kW，额定水头 470m，距高比 4.4。 电站建成后服务湖北南网，承担电力系统调峰、填谷、调频、调相、储能和紧急事故备用等任务。

（17）宝华寺抽水蓄能电站

2022 年 5 月，宝华寺抽水蓄能电站可行性研究阶段三大专题报告通过审查；2022 年 11 月，宝华寺抽水蓄能电站可行性研究报告通过审查。 电站位于湖北省宜昌市远安县境内，距武汉市、宜昌市直线距离分别约 253km、45km。 电站规划装机容量 120 万 kW，可行性研究阶段选择电站装机容量 120 万 kW，额定水头 515m，距高比 3.63。 电站建成后服务湖北南网，承担湖北电力系统调峰、填谷、调频、调相、储能和紧急事故备用等任务。

（18）清江抽水蓄能电站

2022 年 5 月，清江抽水蓄能电站可行性研究阶段三大专题报告通过审查。 电站位于湖北省宜昌市长阳土家族自治县境内，距宜昌市、武汉市直线距离分别约 28km、280km。

电站装机容量 120 万 kW，额定水头 413m，距高比 3.54。电站建成后服务湖北南网，承担电力系统调峰、填谷、调频、调相、储能和紧急事故备用等任务。

（19）平坦原抽水蓄能电站

2022 年 6 月，平坦原抽水蓄能电站可行性研究报告通过审查。电站位于湖北省黄冈市罗田县境内，距武汉市直线距离约 90km。电站装机容量 140 万 kW，额定水头 597m，距高比 5.5。电站建成后服务湖北南网，承担电力系统调峰、填谷、调频、调相、储能和紧急事故备用等任务。

5.5.4 湖南省

2022 年，中长期发展规划重点实施项目中，湖南省共有 11 个项目预可行性研究报告通过审查，总装机容量 1360 万 kW；7 个项目可行性研究阶段三大专题报告通过审查，总装机容量 900 万 kW；3 个项目可行性研究报告通过审查，总装机容量 480 万 kW（见图 5.15）。截至 2022 年年底，中长期发展规划重点实施项目中，湖南省已有 15 个项目预可行性研究报告通过审查，总装机容量 2030 万 kW；8 个项目可行性研究阶段三大专题报告通过审查，总装机容量 1140 万 kW；3 个项目可行性研究报告通过审查，总装机容量 480 万 kW。

（1）广寒坪抽水蓄能电站

2022 年 3 月，广寒坪抽水蓄能电站预可行性研究报告通过审查；2022 年 9 月，广寒坪抽水蓄能电站可行性研究阶段三大专题专题通过审查。电站位于湖南省株洲市攸县境内，距长沙市、株洲市直线距离分别约 105km、75km。电站装机容量 180 万 kW，额定水头 418m，距高比 5.3。电站建成后服务湖南电网，承担电力系统调峰、填谷、储能、调频、调相和紧急事故备用等任务。

（2）孝坪抽水蓄能电站

2022 年 7 月，孝坪抽水蓄能电站预可行性研究报告通过审查；2022 年 12 月，孝坪抽水蓄能电站可行性研究阶段三大专题报告通过审查。电站位于湖南省怀化市辰溪县境内，距长沙市、怀化市直线距离分别约 260km、60km。电站装机容量 120 万 kW，额定水头 324m，距高比 3.6。电站建成后服务湖南电网，承担电力系统调峰、填谷、储能、调频、调相和紧急事故备用等任务。

（3）车坪抽水蓄能电站

2022 年 7 月，车坪抽水蓄能电站预可行性研究报告通过审查；2022 年 12 月，车坪抽水蓄能电站可行性研究阶段三大专题报告通过审查。电站位于湖南省怀化市沅陵县境内，距怀化市、长沙市直线距离分别约 152km、245km。电站装机容量 120 万 kW，额定水头 334m，距高比 5.27。电站建成后服务湖南电网，承担电力系统调峰、填谷、储能、

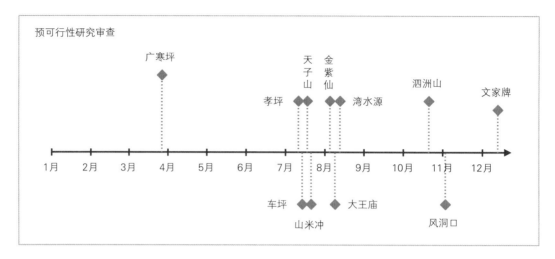

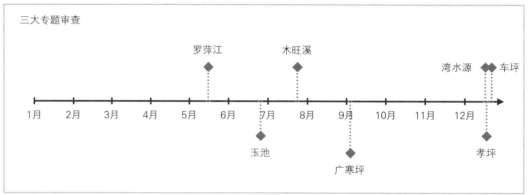

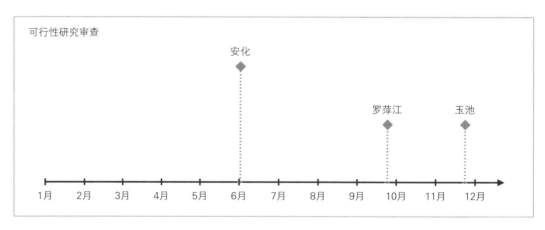

图 5.15　湖南省 2022 年抽水蓄能项目审查进展情况

调频、调相和紧急事故备用等任务。

（4）天子山抽水蓄能电站

2022 年 7 月，天子山抽水蓄能电站预可行性研究报告通过审查。电站位于湖南省永州市双牌县境内，距长沙市、永州市直线距离分别约 334km、61km。电站装机容量 140 万 kW，额定水头 678m，距高比 5.46。电站建成后服务湖南电网，承担电力系统调峰、

填谷、储能、调频、调相和紧急事故备用等任务。

（5）山米冲抽水蓄能电站

2022 年 7 月，山米冲抽水蓄能电站预可行性研究报告通过审查。电站位于湖南省衡阳市常宁市境内，距长沙市、衡阳市直线距离分别约 234km、81km。电站装机容量 120 万 kW，额定水头 368m，距高比 5.54。电站建成后服务湖南电网，承担电力系统调峰、填谷、储能、调频、调相和紧急事故备用等任务。

（6）金紫仙抽水蓄能电站

2022 年 8 月，金紫仙抽水蓄能电站预可行性研究报告通过审查。电站位于湖南省郴州市安仁县境内，距郴州市、长沙市直线距离分别约 93km、226km。电站装机容量 120 万 kW，额定水头 383m，距高比 4.41。电站建成后服务湖南电网，承担电力系统调峰、填谷、储能、调频、调相和紧急事故备用等任务。

（7）大王庙抽水蓄能电站

2022 年 8 月，大王庙抽水蓄能电站预可行性研究报告通过审查。电站位于湖南省衡阳市衡南县境内，距衡阳市、长沙市直线距离分别约 45km、152km。电站装机容量 120 万 kW，额定水头 392m，距高比 6.05。电站建成后服务湖南电网，承担电力系统调峰、填谷、储能、调频、调相和紧急事故备用等任务。

（8）湾水源抽水蓄能电站

2022 年 8 月，湾水源抽水蓄能电站预可行性研究报告通过审查；2022 年 12 月，湾水源抽水蓄能电站可行性研究阶段三大专题专题报告通过审查。电站位于湖南省永州市江华瑶族自治县境内，距永州市、长沙市直线距离分别约 145km、368km。电站装机容量 120 万 kW，额定水头 492m，距高比约 5.3。电站建成后服务湖南电网，承担电力系统调峰、填谷、储能、调频、调相和紧急事故备用等任务。

（9）泗洲山抽水蓄能电站

2022 年 10 月，泗洲山抽水蓄能电站预可行性研究报告通过审查。电站位于湖南省郴州市桂阳县境内，距郴州市、长沙市直线距离分别约 54km、253km。电站装机容量 120 万 kW，额定水头 376m，距高比 8.2。电站建成后服务湖南电网，承担电力系统调峰、填谷、储能、调频、调相和紧急事故备用等任务。

（10）风洞口抽水蓄能电站

2022 年 11 月，风洞口抽水蓄能电站预可行性研究报告通过审查。电站位于湖南省长沙市浏阳市境内，距长沙市直线距离约 60km。电站装机容量 120 万 kW，额定水头 375m，距高比 5.91。电站建成后服务湖南电网，承担电力系统调峰、填谷、调频、调相、储能和紧急事故备用等任务。

（11）文家牌抽水蓄能电站

2022 年 12 月，文家牌抽水蓄能电站预可行性研究报告通过审查。 电站位于湖南省株洲市醴陵市境内，距长沙市、株洲市直线距离分别约 70km、34km。 电站装机容量 150 万 kW，额定水头 266m，距高比 6.36。 电站建成后服务湖南电网，承担电力系统调峰、填谷、调频、调相、储能和紧急事故备用等任务。

（12）罗萍江抽水蓄能电站

2022 年 5 月，罗萍江抽水蓄能电站可行性研究阶段三大专题报告通过审查；2022 年 9 月，罗萍江抽水蓄能电站可行性研究报告通过审查。 电站位于湖南省株洲市炎陵县境内，距离株洲市、长沙市直线距离分别约 252km、280km。 电站装机容量 120 万 kW，额定水头 358m，距高比 5.65。 电站建成后服务湖南电网，承担电力系统调峰、填谷、储能、调频、调相和紧急事故备用等任务。

（13）玉池抽水蓄能电站

2022 年 6 月，玉池抽水蓄能电站可行性研究阶段三大专题报告通过审查；2022 年 11 月，玉池抽水蓄能电站可行性研究报告通过审查。 电站位于湖南省岳阳市汨罗市境内，距汨罗市、长沙市直线距离分别约 63km、77km。 电站装机容量 120 万 kW，额定水头 411m，距高比 2.77。 电站建成后服务湖南电网，承担电力系统调峰、填谷、储能、调频、调相和紧急事故备用等任务。

（14）木旺溪抽水蓄能电站

2022 年 7 月，木旺溪抽水蓄能电站可行性研究阶段三大专题报告通过审查。 电站位于湖南省常德市桃源县境内，距长沙市、常德市直线距离分别约 173km、75km。 电站装机容量 120 万 kW，额定水头 379m，距高比 5.9。 电站建成后服务湖南电网，承担电力系统调峰、填谷、储能、调频、调相和紧急事故备用等任务。

（15）安化抽水蓄能电站

2022 年 6 月，安化抽水蓄能电站可行性研究报告通过审查。 电站位于湖南省益阳市安化县境内，距益阳市、长沙市直线距离分别约 109km、187km，电站装机容量 240 万 kW，电站额定水头 425m，距高比 8.32。 电站建成后服务湖南电网，承担电力系统调峰、填谷、储能、调频、调相和紧急事故备用等任务。

5.6　南方区域

5.6.1　广东省

2022 年，中长期发展规划重点实施项目中，广东省共有 3 个项目预可行性研究报告通过审查，总装机容量 360 万 kW；4 个项目可行性研究报告通过审查，总装机容量 500

万 kW（见图 5.16）。 截至 2022 年年底，中长期发展规划重点实施项目中，广东省已有 9 个项目预可行性研究报告通过审查，总装机容量 1100 万 kW；5 个项目可行性研究报告通过审查，总装机容量 620 万 kW。

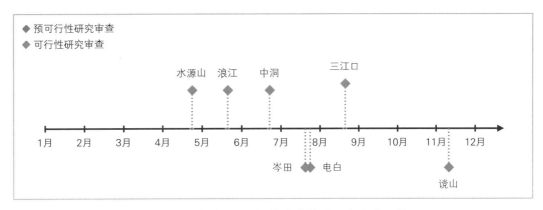

图 5.16 广东省 2022 年抽水蓄能项目审查进展情况

（1）岑田抽水蓄能电站

2022 年 7 月，岑田抽水蓄能电站预可行性研究报告通过审查。 电站位于广东省河源市东源县境内，距河源市、广州市直线距离分别约 35km、240km。 电站装机容量 120 万 kW，额定水头 465m，距高比 9.53。 电站建成后服务广东电网，承担电力系统调峰、填谷、储能、调频、调相和紧急事故备用等任务。

（2）电白抽水蓄能电站

2022 年 7 月，电白抽水蓄能电站预可行性研究报告通过审查。 电站位于广东省茂名市电白区境内，距茂名市、广州市直线距离分别约 29km、270km。 电站装机容量 120 万 kW，额定水头 420m，距高比 9.5。 电站建成后服务广东电网，承担电力系统调峰、填谷、储能、调频、调相和紧急事故备用等任务。

（3）谈山抽水蓄能电站

2022 年 11 月，谈山抽水蓄能电站预可行性研究报告通过审查。 电站位于广东省肇庆市封开县境内，距肇庆市、广州市直线距离分别约 103km、165km。 电站装机容量 120 万 kW，额定水头 691m，距高比 5.4。 电站建成后服务广东电网，承担电力系统调峰、填谷、储能、调频、调相和紧急事故备用等任务。

（4）水源山抽水蓄能电站

2022 年 4 月，水源山抽水蓄能电站可行性研究报告通过审查。 电站位于广东省云浮市新兴县境内，距云浮市、广州市直线距离分别约 71km、167km。 电站装机容量 120 万 kW，额定水头 545m，距高比 4.6。 电站建成后服务广东电网，承担电力系统调峰、填谷、储能、调频、调相和紧急事故备用等任务。

（5）浪江抽水蓄能电站

2022 年 5 月，浪江抽水蓄能电站可行性研究报告通过审查。电站位于广东省肇庆市广宁县境内，距肇庆市、广州市直线距离分别约 48km、105km。电站装机容量 120 万 kW，额定水头 436m，距高比 5.6。电站建成后服务广东电网，承担电力系统调峰、填谷、储能、调频、调相和紧急事故备用等任务。

（6）中洞抽水蓄能电站

2022 年 6 月，中洞抽水蓄能电站可行性研究报告通过审查。电站位于广东省惠州市惠东县境内，距深圳市、广州市直线距离分别约 155km、216km。电站装机容量 120 万 kW，额定水头 660m，距高比 5.7。电站建成后服务广东电网，承担电力系统调峰、填谷、储能、调频、调相和紧急事故备用等任务。

（7）三江口抽水蓄能电站

2022 年 8 月，三江口抽水蓄能电站可行性研究报告通过审查。电站位于广东省汕尾市陆河县境内，距汕尾市、广州市直线距离分别约 55km、210km。电站装机容量 140 万 kW，额定水头 621m，距高比 4.9。电站建成后服务广东电网，承担电力系统调峰、填谷、储能、调频、调相和紧急事故备用等任务。

5.6.2 广西壮族自治区

2022 年，中长期发展规划重点实施项目中，广西壮族自治区共有 9 个项目预可行性研究报告通过审查，总装机容量 1040 万 kW；2 个项目可行性研究阶段三大专题报告通过审查，总装机容量 240 万 kW（见图 5.17）。截至 2022 年年底，中长期发展规划重点实施项目中，广西壮族自治区已有 10 个项目预可行性研究报告通过审查，总装机容量 1160 万 kW；3 个项目可行性研究阶段三大专题报告通过审查，总装机容量 360 万 kW；1 个项目可行性研究报告通过审查，装机容量 120 万 kW。

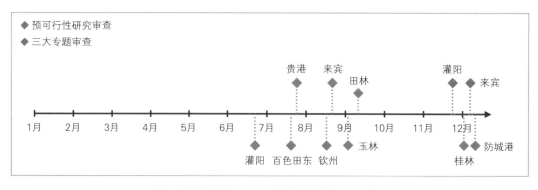

图 5.17　广西壮族自治区 2022 年抽水蓄能项目审查进展情况

（1）灌阳抽水蓄能电站

2022 年 6 月，灌阳抽水蓄能电站预可行性研究报告通过审查。2022 年 11 月，灌阳

抽水蓄能电站可行性研究三大专题报告通过审查。 电站位于广西壮族自治区桂林市灌阳县境内，距桂林市、南宁市直线距离分别约80km、410km。 电站装机容量120万kW，额定水头466m，距高比6.1。 电站建成后主要服务广西电网，承担电力系统调峰、填谷、储能、调频、调相、紧急事故备用等任务。

（2）百色田东抽水蓄能电站

2022年7月，百色田东抽水蓄能电站预可行性研究报告通过审查。 电站位于广西壮族自治区百色市田东县境内，距百色市直线距离约68km。 电站装机容量120万kW，额定水头276m，距高比8.1。 电站建成后服务广西电网，承担电力系统调峰、填谷、储能、调频、调相和紧急事故备用等任务。

（3）贵港抽水蓄能电站

2022年7月，贵港抽水蓄能电站预可行性研究报告通过审查。 电站位于广西壮族自治区贵港市港北区境内，距离贵港市、南宁市直线距离分别约9.5km、130km。 电站装机容量120万kW，额定水头416m，距高比4.4。 电站建成后服务广西电网，承担电力系统调峰、填谷、储能、调频、调相和紧急事故备用等任务。

（4）钦州抽水蓄能电站

2022年8月，钦州抽水蓄能电站预可行性研究报告通过审查。 电站位于广西壮族自治区钦州市灵山县境内，距钦州市、南宁市直线距离分别约55km、88km。 电站装机容量120万kW，额定水头332m，距高比5.3。 电站建成后服务广西电网，承担电力系统调峰、填谷、储能、调频、调相和紧急事故备用等任务。

（5）来宾抽水蓄能电站

2022年8月，来宾抽水蓄能电站预可行性研究报告通过审查。 2022年12月，来宾抽水蓄能电站可行性研究阶段三大专题报告通过审查。 电站位于广西壮族自治区来宾市金秀瑶族自治县境内，距来宾市、柳州市直线距离分别约120km、90km。 电站装机容量120万kW，额定水头479m，距高比5.5。 电站建成后服务广西电网，承担电力系统调峰、填谷、储能、调频、调相和紧急事故备用等任务。

（6）玉林抽水蓄能电站

2022年9月，玉林抽水蓄能电站预可行性研究报告通过审查。 电站位于广西壮族自治区玉林市福绵区境内，距玉林市、南宁市直线距离分别约28km、160km。 电站装机容量120万kW，额定水头386m，距高比9.26。 电站建成后服务广西电网，承担电力系统调峰、填谷、储能、调频、调相和紧急事故备用等任务。

（7）田林抽水蓄能电站

2022年9月，田林抽水蓄能电站预可行性研究报告通过审查。 电站位于广西壮族自治区百色市田林县境内，距百色市、南宁市直线距离分别约95km、305km。 电站装机容量 120 万 kW，额定水头 412m，距高比 8.28。电站建成后服务广西电网，承担电力系统调峰、填谷、储能、调频、调相和紧急事故备用等任务。

（8）桂林抽水蓄能电站

2022 年 12 月，桂林抽水蓄能电站预可行性研究报告通过审查。电站位于广西壮族自治区桂林市龙胜各族自治县境内，距桂林、南宁直线距离分别约 56km、360km。电站装机容量 160 万 kW，额定水头 737m，距高比 3.8。电站建成后服务广西电网，承担电力系统调峰、填谷、储能、调频、调相和紧急事故备用等任务。

（9）防城港抽水蓄能电站

2022 年 12 月，防城港抽水蓄能电站预可行性研究报告通过审查。电站位于广西壮族自治区防城港市上思县境内，距防城港市、南宁市直线距离分别约 55km、103km。电站装机容量 140 万 kW，额定水头 427m，距高比 8.08。电站建成后服务广西电网，承担电力系统调峰、填谷、储能、调频、调相和紧急事故备用等任务。

5.6.3　海南省

截至 2022 年年底，海南省尚未开展中长期发展规划重点实施项目的审查工作。

5.6.4　云南省

2022 年，中长期发展规划重点实施项目中，云南省共有 6 个项目预可行性研究报告通过审查，总装机容量 810 万 kW；1 个项目可行性研究阶段三大专题报告通过审查，装机容量 120 万 kW（见图 5.18）。截至 2022 年年底，中长期发展规划重点实施项目中，云南省已有 6 个项目预可行性研究报告通过审查，总装机容量 810 万 kW；1 个项目可行性研究阶段三大专题报告通过审查，装机容量 120 万 kW。

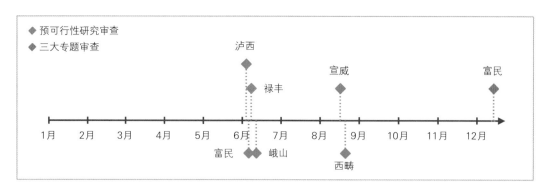

图 5.18　云南省 2022 年抽水蓄能项目审查进展情况

（1）泸西抽水蓄能电站

2022 年 6 月，泸西抽水蓄能电站预可行性研究报告通过审查。电站位于云南省红河

哈尼族彝族自治州泸西县境内，距昆明市直线距离约 140km。 电站装机容量 210 万 kW，额定水头 655m，距高比 5.01。 电站建成后服务云南电网，承担电力系统调峰、填谷、储能、调频、调相、紧急事故备用等任务。

（2）富民抽水蓄能电站

2022 年 6 月，富民抽水蓄能电站预可行性研究报告通过审查；2022 年 12 月，富民抽水蓄能电站可行性研究阶段三大专题报告通过审查。 电站位于云南省昆明市富民县，距昆明市直线距离约 53km。 电站装机容量 120 万 kW，额定水头 508m，距高比 4.75。 电站建成后服务云南电网，承担电力系统调峰、填谷、储能、调频、调相和紧急事故备用等任务。

（3）禄丰抽水蓄能电站

2022 年 6 月，禄丰抽水蓄能电站预可行性研究报告通过审查。 电站位于云南省楚雄彝族自治州禄丰市境内，距昆明市直线距离约 100km。 电站装机容量 120 万 kW，额定水头 450m，距高比 9.0。 电站建成后服务云南电网，承担电力系统调峰、填谷、储能、调频、调相、紧急事故备用等任务。

（4）峨山抽水蓄能电站

2022 年 6 月，峨山抽水蓄能电站预可行性研究报告通过审查。 电站位于云南省玉溪市峨山县境内，距昆明市直线距离约 100km。 电站装机容量 120 万 kW，额定水头 450m，距高比 5.46。 电站建成后服务云南电网，承担电力系统调峰、填谷、储能、调频、调相、紧急事故备用等任务。

（5）宣威抽水蓄能电站

2022 年 8 月，宣威抽水蓄能电站预可行性研究报告通过审查。 电站位于云南省曲靖市宣威市境内，距昆明市、曲靖市直线距离分别约 185km、75km。 电站装机容量 120 万 kW，额定水头 440m，距高比 5.3。 电站建成后服务云南电网，承担电力系统调峰、填谷、储能、调频、调相、紧急事故备用等任务。

（6）西畴抽水蓄能电站

2022 年 8 月，西畴抽水蓄能电站预可行性研究报告通过审查。 电站位于云南省文山壮族苗族自治州西畴县境内，距昆明市直线距离约 250km。 电站装机容量 120 万 kW，额定水头 415m，距高比 2.4。 电站建成后服务云南电网，主要服务滇南区域，承担电力系统调峰、填谷、储能、调频、调相和紧急事故备用等任务。

5.6.5　贵州省

2022 年，中长期发展规划重点实施项目中，贵州省共有 3 个项目预可行性研究报告通过审查，总装机容量 380 万 kW；2 个项目可行性研究阶段三大专题报告通过审查，总装机容量 290 万 kW；1 个项目可行性研究报告通过审查，装机容量 150 万 kW（见图 5.19）。 截至 2022 年年底，中长期发展规划重点实施项目中，贵州省已有 5 个项目预可行性研究报告通过审查，总装机容量 680 万 kW；3 个项目可行性研究阶段三大专题报告通过审查，总装机容量 440 万 kW；1 个项目可行性研究报告通过审查，装机容量 150 万 kW。

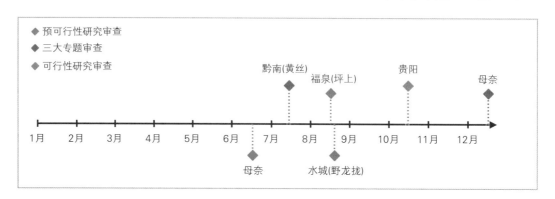

图 5.19　贵州省 2022 年抽水蓄能项目审查进展情况

（1）母奈抽水蓄能电站

2022 年 6 月，母奈抽水蓄能电站预可行性研究报告通过审查。 2022 年 12 月，母奈抽水蓄能电站可行性研究阶段三大专题报告通过审查。 电站位于贵州省兴义市境内，距贵阳市直线距离约 280km。 电站装机容量 140 万 kW，额定水头 567m，距高比 2.1。 电站建成后服务贵州电网，承担电力系统调峰、填谷、储能、调频、调相、紧急事故备用等任务。

（2）福泉（坪上）抽水蓄能电站

2022 年 8 月，福泉（坪上）抽水蓄能电站预可行性研究报告通过审查。 电站位于贵州省黔南州福泉市，距贵阳市、福泉市直线距离分别约 68km、35km。 电站利用已建格里桥水库作为抽水蓄能电站下水库。 电站装机容量 120 万 kW，额定水头 449m，距高比 4.0。 电站建成后服务贵州电网，承担电力系统调峰、填谷、储能、调频、调相、紧急事故备用等任务。

（3）水城（野龙拢）抽水蓄能电站

2022 年 8 月，水城（野龙拢）抽水蓄能电站预可行性研究报告通过审查。 电站位于贵州省六盘水市水城区境内，距贵阳市、六盘水市直线距离分别约 162km、36km。 电站装机容量 120 万 kW，额定水头 578m，距高比 7.0。 电站建成后服务贵州电网，承担电力系统调峰、填谷、储能、调频、调相、紧急事故备用等任务。

（4）黔南（黄丝）抽水蓄能电站

2022 年 7 月，黔南（黄丝）抽水蓄能电站可行性研究阶段三大专题报告通过审查。 电站位于贵州省黔南布依族苗族自治州贵定县境内，距贵阳市直线距离约 67km。 电站

装机容量 150 万 kW，额定水头 526m，距高比 5.4。电站建成后服务贵州电网，承担电力系统调峰、填谷、储能、调频、调相、紧急事故备用等任务。

（5）贵阳抽水蓄能电站

2022 年 10 月，贵阳抽水蓄能电站可行性研究报告通过审查。电站位于贵州省贵阳市修文县境内，距贵阳市直线距离约 38km。电站利用已建红岩水电站水库作为抽水蓄能电站下水库。电站装机容量 150 万 kW，额定水头 492m，距高比约 1.73。电站建成后服务范围为贵州电网，承担电力系统调峰、填谷、储能、调频、调相和紧急事故备用等任务。

5.7 西南区域

5.7.1 重庆市

2022 年，中长期发展规划重点实施项目中，重庆市共有 1 个项目预可行性研究报告通过审查，装机容量 120 万 kW；2 个项目可行性研究阶段三大专题报告通过审查，总装机容量 240 万 kW；2 个项目可行性研究报告通过审查，总装机容量 240 万 kW（见图 5.20）。截至 2022 年年底，中长期发展规划重点实施项目中，重庆市已有 4 个项目预可行性研究报告通过审查，总装机容量 500 万 kW；3 个项目可行性研究报告通过审查，总装机容量 380 万 kW。

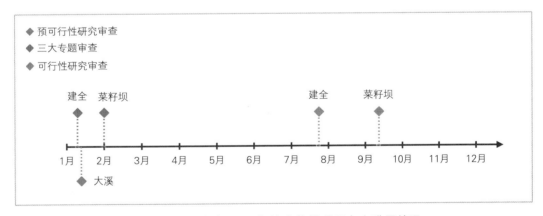

图 5.20 重庆市 2022 年抽水蓄能项目审查进展情况

（1）大溪抽水蓄能电站

2022 年 1 月，大溪抽水蓄能电站预可行性研究报告通过审查。电站位于重庆市巫山县境内。电站距重庆市主城区、巫山县直线距离分别约 320km、29km。电站装机容量 120 万 kW，额定水头 540m，距高比 5.94。电站建成后服务重庆电网，承担电力系统调

峰、填谷、调频、调相、储能和紧急事故备用等任务。

（2）建全抽水蓄能电站

2022 年 1 月，建全抽水蓄能电站可行性研究阶段三大专题报告通过审查。 2022 年 7 月，建全抽水蓄能电站可行性研究报告通过审查。 电站位于重庆市云阳县境内，距重庆市直线距离分别约 270km。 电站装机容量 120 万 kW，额定水头 332m，距高比 7.07。 电站建成后服务重庆电网，承担重庆电力系统调峰、填谷、储能、调频、调相和紧急事故备用等任务。

（3）菜籽坝抽水蓄能电站

2022 年 2 月，菜籽坝抽水蓄能电站可行性研究阶段三大专题报告通过审查。 2022 年 9 月，菜籽坝抽水蓄能电站可行性研究报告通过审查。 电站位于重庆市奉节县境内，距奉节县、重庆市直线距离分别约 30km、300km。 电站装机容量 120 万 kW，额定水头 515m，距高比 3.24。 电站建成后服务重庆电网，承担电力系统调峰、填谷、调频、调相、储能和紧急事故备用等任务。

5.7.2　四川省

2022 年，中长期发展规划重点实施项目中，四川省共有 3 个项目预可行性研究报告通过审查，总装机容量 420 万 kW；1 个项目可行性研究阶段三大专题报告通过审查，装机容量 120 万 kW（见图 5.21）。 截至 2022 年年底，中长期发展规划重点实施项目中，四川省已有 3 个项目预可行性研究报告通过审查，总装机容量 420 万 kW；1 个项目可行性研究阶段三大专题报告通过审查，装机容量 120 万 kW。

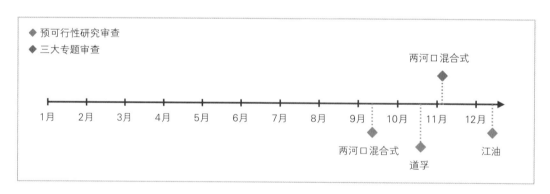

图 5.21　四川省 2022 年抽水蓄能项目审查进展情况

（1）两河口混合式抽水蓄能电站

2022 年 9 月，两河口混合式抽水蓄能电站预可行性研究报告通过审查；2022 年 11 月，两河口混合式抽水蓄能电站可行性研究阶段三大专题报告通过审查。 电站位于四川省甘孜藏族自治州雅江县的雅砻江干流上，距康定市、成都市直线距离分别约 165km、

536km。电站装机容量 120 万 kW。电站建成后服务四川电网，承担电力系统调峰、填谷、储能、调频、调相和紧急事故备用等任务。

（2）道孚抽水蓄能电站

2022 年 10 月，道孚抽水蓄能电站预可行性研究报告通过审查。电站位于四川省甘孜藏族自治州道孚县境内，距康定市、成都市区直线距离分别约 84km、262km。电站装机容量 180 万 kW，额定水头 716m，距高比 3.01。电站建成后服务四川电网，承担电力系统调峰、填谷、储能、调频、调相和紧急事故备用等任务。

（3）江油抽水蓄能电站

2022 年 12 月，江油抽水蓄能电站预可行性研究报告通过审查。电站位于四川省绵阳市江油市境内，距绵阳市、成都市直线距离分别约 87km、191km。电站装机容量 120 万 kW，额定水头 505m，距高比 4.9。电站建成后服务四川电网，承担电力系统调峰、填谷、储能、调频、调相和紧急事故备用等任务。

5.7.3　西藏自治区

截至 2022 年年底，西藏自治区尚未开展中长期发展规划重点实施项目的审查工作。

5.8　西北区域

5.8.1　陕西省

2022 年，中长期发展规划重点实施项目中，陕西省共有 9 个项目预可行性研究报告通过审查，总装机容量 1100 万 kW；4 个项目可行性研究阶段三大专题报告通过审查，总装机容量 400 万 kW；2 个项目可行性研究报告通过审查，总装机容量 220 万 kW（见图 5.22）。截至 2022 年年底，中长期发展规划重点实施项目中，陕西省已有 10 个项目预可行性研究报告通过审查，总装机容量 1240 万 kW；4 个项目可行性研究阶段三大专题报告通过审查，总装机容量 400 万 kW；2 个项目可行性研究报告通过审查，总装机容量 220 万 kW。

（1）曹坪抽水蓄能电站

2022 年 6 月，曹坪抽水蓄能电站预可行性研究报告通过审查；2022 年 9 月，曹坪抽水蓄能电站可行性研究阶段三大专题报告通过审查。2022 年 12 月，曹坪抽水蓄能电站可行性研究报告通过审查。电站位于陕西省商洛市柞水县境内，距西安市直线距离约 70km。电站装机容量 140 万 kW。额定水头 413m，距高比 5.5。电站建成后服务陕西电网，同时服务于新能源消纳，承担电力系统调峰、填谷、储能、调频、调相和紧急事故备用等任务。

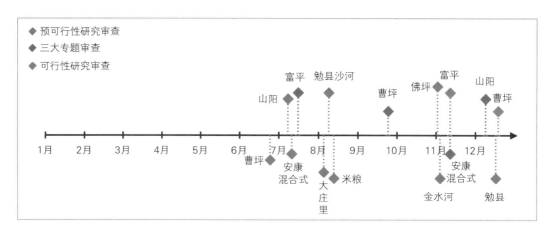

图 5.22 陕西省 2022 年抽水蓄能项目审查进展情况

（2）安康混合式抽水蓄能电站

2022 年 7 月，安康混合式抽水蓄能电站预可行性研究报告通过审查；2022 年 11 月，安康混合式抽水蓄能电站可行性研究阶段三大专题报告通过审查。 电站位于陕西省安康市汉滨区境内，距安康市、西安市直线距离分别约 18km、170km。 电站装机容量 60 万 kW，额定水头 79m，距高比 10.4。 电站建成后服务陕西电网，同时服务于新能源消纳，承担电力系统调峰、填谷、储能、调频、调相和紧急事故备用等任务。

（3）山阳抽水蓄能电站

2022 年 7 月，山阳抽水蓄能电站预可行性研究报告通过审查；2022 年 12 月，山阳抽水蓄能电站可行性研究阶段三大专题报告通过审查。 电站位于陕西省商洛市山阳县境内，距商洛市、西安市直线距离分别约 48km、100km。 电站装机容量 120 万 kW，额定水头 545m，距高比 3.6。 电站建成后服务陕西电网，同时服务于新能源消纳，承担电力系统调峰、填谷、储能、调频、调相和紧急事故备用等任务。

（4）大庄里抽水蓄能电站

2022 年 8 月，大庄里抽水蓄能电站预可行性研究报告通过审查。 电站位于陕西省宝鸡市陈仓区境内，距宝鸡市、西安市直线距离分别约 54km、200km。 电站装机容量 210 万 kW，额定水头 669m，距高比 3.3。 电站建成后服务陕西电网，同时服务于新能源消纳，承担电力系统调峰、填谷、储能、调频、调相和紧急事故备用任务。

（5）勉县沙河抽水蓄能电站

2022 年 8 月，勉县沙河抽水蓄能电站预可行性研究报告通过审查。 电站位于陕西省汉中市勉县境内，距汉中市、西安市直线距离分别约 26km、220km。 电站装机容量 140 万 kW，额定水头 478m，距高比 4.65。 电站建成后服务陕西电网，同时服务于新能源消纳，承担电力系统调峰、填谷、储能、调频、调相和紧急事故备用等任务。

（6）米粮抽水蓄能电站

2022 年 8 月，米粮抽水蓄能电站预可行性研究报告通过审查。 电站位于陕西省商洛市镇安县境内，距商洛市、西安市直线距离分别约 75km、123km。 电站装机容量 140 万 kW，额定水头 516m，距高比 2.83。 电站建成后服务陕西电网，同时服务于新能源消纳，承担电力系统调峰、填谷、储能、调频、调相和紧急事故备用等任务。

（7）佛坪抽水蓄能电站

2022 年 11 月，佛坪抽水蓄能电站预可行性研究报告通过审查。 电站位于陕西省汉中市佛坪县境内，距汉中市、西安市直线距离分别约 100km、130km。 电站装机容量 160 万 kW，额定水头 494m，距高比 7.1。 电站建成后服务陕西电网，承担电力系统调峰、填谷、储能、调频、调相和紧急事故备用等任务。

（8）金水河抽水蓄能电站

2022 年 11 月，金水河抽水蓄能电站预可行性研究报告通过审查。 电站位于陕西省汉中市佛坪县境内，距汉中市、西安市直线距离分别约 95km、130km。 电站装机容量 140 万 kW，额定水头 483m，距高比 3.93。 电站建成后服务陕西电网，同时服务于新能源消纳，承担电力系统调峰、填谷、储能、调频、调相和紧急事故备用等任务。

（9）勉县抽水蓄能电站

2022 年 12 月，勉县抽水蓄能电站预可行性研究报告通过审查。 电站位于陕西省汉中市勉县境内，距西安市直线距离约 220km。 电站装机容量 140 万 kW，额定水头 488m，距高比 3.07。 电站建成后服务陕西电网，同时服务于新能源消纳，承担电力系统调峰、填谷、储能、调频、调相和紧急事故备用等任务。

（10）富平抽水蓄能电站

2022 年 7 月，富平抽水蓄能电站可行性研究阶段三大专题报告通过审查。 2022 年 11 月，富平抽水蓄能电站可行性研究报告通过审查。 电站位于陕西省渭南市富平县境内，距渭南市、西安市直线距离分别约 60km、90km。 电站装机容量 140 万 kW，可研阶段初选装机容量 140 万 kW。 额定水头 400m，距高比 3.96。 电站建成后服务陕西电网，同时服务于新能源消纳，承担电力系统调峰、填谷、储能、调频、调相和紧急事故备用等任务。

5.8.2 甘肃省

2022 年，中长期发展规划重点实施项目中，甘肃省共有 6 个项目预可行性研究报告通过审查，总装机容量 840 万 kW；5 个项目可行性研究阶段三大专题报告通过审查，总装机容量 720 万 kW；2 个项目可行性研究报告通过审查，总装机容量 260 万 kW（见图 5.23）。 截至 2022 年年底，中长期发展规划重点实施项目中，甘肃省已有 7 个项目预可行性研究报告通过审查，总装机容量 960 万 kW；6 个项目可行性研究阶段三大专题报告

通过审查，总装机容量 840 万 kW；2 个项目可行性研究报告通过审查，总装机容量 260 万 kW。

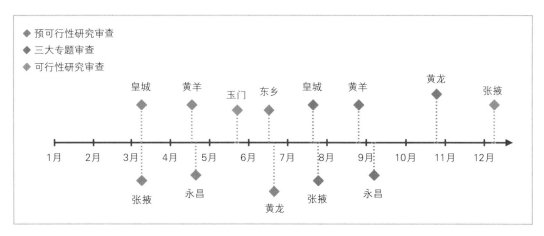

图 5.23　甘肃省 2022 年抽水蓄能项目审查进展情况

（1）皇城抽水蓄能电站

2022 年 3 月，皇城抽水蓄能电站预可行性研究报告通过审查；2022 年 7 月，皇城抽水蓄能电站可行性研究阶段三大专题报告通过审查。 电站位于甘肃省张掖市肃南县境内，距兰州市、张掖市直线距离分别约 230km、170km。 电站装机容量 140 万 kW，额定水头 547m，距高比 5.52。 电站建成后服务甘肃电网，承担电力系统调峰、填谷、储能、调频、调相、紧急事故备用等任务。

（2）张掖抽水蓄能电站

2022 年 3 月，张掖抽水蓄能电站预可行性研究报告通过审查；2022 年 7 月，张掖抽水蓄能电站可行性研究阶段三大专题报告通过审查；2022 年 12 月，张掖抽水蓄能电站可行性研究报告通过审查。 电站位于甘肃省张掖市境内，距兰州市、张掖市直线距离分别约 450km、30km。 电站装机容量 140 万 kW，额定水头 573m，距高比 3.32。 电站建成后服务甘肃电网，承担电力系统调峰、填谷、储能、调频、调相、紧急事故备用等任务。

（3）黄羊抽水蓄能电站

2022 年 4 月，黄羊抽水蓄能电站预可行性研究报告通过审查；2022 年 8 月，黄羊抽水蓄能电站可行性研究阶段三大专题报告通过审查。 电站位于甘肃省武威市凉州区境内，距兰州市、武威市直线距离分别约 170km、30km。 电站装机容量 140 万 kW，额定水头 478m，距高比 5.92。 电站建成后服务甘肃电网，承担电力系统调峰、填谷、储能、调频、调相、紧急事故备用等任务。

（4）永昌抽水蓄能电站

2022 年 4 月，永昌抽水蓄能电站预可行性研究报告通过审查；2022 年 9 月，永昌抽水蓄能电站可行性研究阶段三大专题报告通过审查。 电站位于甘肃省金昌市永昌县境

内，距兰州市、金昌市直线距离分别约 270km、20km。 电站装机容量 120 万 kW，额定水头 460m，距高比 3.97。 电站建成后服务甘肃电网，承担电力系统调峰、填谷、储能、调频、调相、紧急事故备用等任务。

（5）东乡抽水蓄能电站

2022 年 6 月，东乡抽水蓄能电站预可行性研究报告通过审查。 电站位于甘肃省临夏回族自治州东乡县境内，距兰州市、临夏州直线距离分别约 35km、40km。 电站装机容量 120 万 kW，额定水头 450m，距高比 5.89。 电站建成后服务甘肃电网，承担电力系统调峰、填谷、储能、调频、调相、紧急事故备用等任务。

（6）黄龙抽水蓄能电站

2022 年 6 月，黄龙抽水蓄能电站预可行性研究报告通过审查；2022 年 10 月，黄龙抽水蓄能电站可行性研究阶段三大专题报告通过审查。 电站位于甘肃省天水市麦积区境内，距兰州市、天水市直线距离分别约 280km、50km。 电站装机容量 210 万 kW，额定水头 640m，距高比 3.05。 电站建成后服务甘肃电网，承担电力系统调峰、填谷、储能、调频、调相、紧急事故备用等任务。

（7）玉门抽水蓄能电站

2022 年 5 月，玉门抽水蓄能电站可行性研究报告通过审查。 电站位于甘肃省酒泉市玉门市境内，距兰州市、酒泉市直线距离分别约 755km、150km。 电站装机容量 120 万 kW，可行性研究阶段初选电站装机容量 120 万 kW，额定水头 425m，距高比 7.8。 电站建成后服务甘肃电网，承担电力系统调峰、填谷、储能、调频、调相、紧急事故备用等任务。

5.8.3 青海省

2022 年，中长期发展规划重点实施项目中，青海省共有 3 个项目预可行性研究报告通过审查，总装机容量 620 万 kW；4 个项目可行性研究阶段三大专题报告通过审查，总装机容量 900 万 kW；4 个项目可行性研究报告通过审查，总总装机容量 900 万 kW（见图 5.24）。 截至 2022 年年底，中长期发展规划重点实施项目中，青海省已有 4 个项目预可行性研究报告通过审查，总装机容量 900 万 kW；4 个项目可行性研究报告通过审查，总装机容量 900 万 kW。

（1）同德抽水蓄能电站

2022 年 3 月，同德抽水蓄能电站预可行性研究报告通过审查；2022 年 6 月，同德抽水蓄能电站可行性研究阶段三大专题报告通过审查；2022 年 10 月，同德抽水蓄能电站可行性研究报告通过审查。 电站位于青海省海南藏族自治州同德县境内，距同德县、西宁市直线距离分别约 84km、330km。 上水库利用玛尔挡坝址上游河道右岸岸顶缓坡地形挖

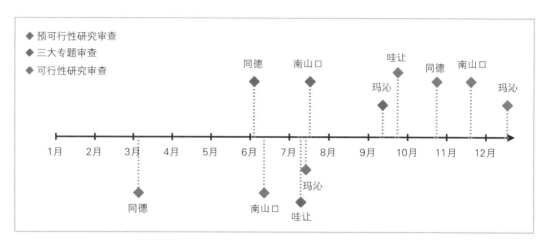

图 5.24　青海省 2022 年抽水蓄能项目审查进展情况

填形成，下水库利用正在建设的玛尔挡水库。 电站装机容量 240 万 kW，额定水头 378m，距高比 2.6。 电站建成后服务青海电网，包括清洁能源基地外送，承担电力系统储能、调峰、填谷、调频、调相和紧急事故备用等任务。

（2）南山口抽水蓄能电站

2022 年 6 月，南山口抽水蓄能电站预可行性研究报告通过审查；2022 年 7 月，南山口抽水蓄能电站可行性研究阶段三大专题报告通过审查；2022 年 11 月，南山口抽水蓄能电站可行性研究报告通过审查。 电站位于青海省海西蒙古族藏族自治州格尔木市境内，距西宁市、格尔木市直线距离分别约 830km、35km，距海西可再生能源基地直线距离约 40km。 电站装机容量 240 万 kW，额定水头 425m，距高比 11.3。 电站建成后服务青海电网，服务于青海电网兼顾新能源送出，承担电力系统调峰、填谷、储能、调频、调相和紧急事故备用等任务。

（3）玛沁抽水蓄能电站

2022 年 7 月，玛沁抽水蓄能电站预可行性研究报告通过审查；2022 年 7 月，玛沁抽水蓄能电站可行性研究阶段三大专题报告通过审查；2022 年 12 月，玛沁抽水蓄能电站可行性研究报告通过审查。 抽水蓄能电站位于青海省果洛藏族自治州玛沁县境内，距玛沁县、西宁市直线距离分别约 92km、370km。 电站装机容量 180 万 kW，额定水头 488m，距高比 3.6。 电站建成后服务青海电网，承担电力系统调峰、填谷、储能、调频、调相和紧急事故备用等任务。

（4）哇让抽水蓄能电站

2022 年 7 月，哇让抽水蓄能电站可行性研究阶段三大专题报告通过审查；2022 年 9 月，哇让抽水蓄能电站可行性研究报告通过审查。 电站位于青海省海南藏族自治州贵南县境内，距西宁市直线距离约 196km。 电站装机容量 280 万 kW，额定水头 432m，距高

比 4.4。 电站建成后服务青海电网，主要承担储能、调峰、填谷、调频、调相、紧急事故
备用等任务。

5.8.4　宁夏回族自治区

截至 2022 年年底，宁夏回族自治区尚未开展中长期发展规划重点实施项目的审查
工作。

5.8.5　新疆维吾尔自治区和新疆生产建设兵团

2022 年，中长期发展规划重点实施项目中，新疆维吾尔自治区和新疆生产建设兵团
共有 8 个项目预可行性研究报告通过审查，总装机容量 1150 万 kW（见图 5.25）。 截至
2022 年年底，中长期发展规划重点实施项目中，新疆维吾尔自治区和新疆生产建设兵团
已有 8 个项目预可行性研究报告通过审查，总装机容量 1150 万 kW。

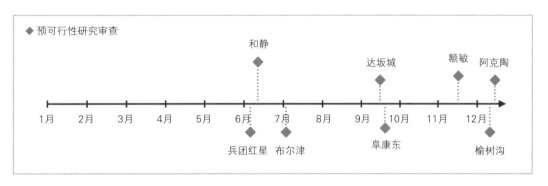

图 5.25　新疆维吾尔自治区和新疆生产建设兵团 2022 年抽水蓄能项目审查进展情况

（1）兵团红星抽水蓄能电站

2022 年 6 月，兵团红星抽水蓄能电站预可行性研究报告通过审查。 电站位于新疆生
产建设兵团第十三师红星四场境内，距哈密市、乌鲁木齐市直线距离分别约 75km、
684km。 电站装机容量 140 万 kW，额定水头 720m，距高比 3.63，兵团红星建成投产后
服务新疆电网，同时服务于新能源消纳，承担电力系统调峰、填谷、储能、调频、调相、
紧急事故备用等任务。

（2）和静抽水蓄能电站

2022 年 6 月，和静抽水蓄能电站预可行性研究报告通过审查。 电站位于新疆维吾尔
自治区巴音郭楞蒙古自治州和静县境内，距库尔勒市直线距离约 95km。 电站装机容量
210 万 kW，额定水头 636m，距高比 2.61，建成后服务新疆电网，同时服务于新能源消
纳，承担电力系统调峰、填谷、储能、调频、调相、紧急事故备用等任务。

（3）布尔津抽水蓄能电站

2022 年 7 月，布尔津抽水蓄能电站预可行性研究报告通过审查。 电站位于新疆维吾

尔自治区阿尔泰地区布尔津县境内，距阿尔泰市、乌鲁木齐市直线距离分别约 60km、450km。 电站装机容量 140 万 kW，额定水头 615m，距高比 2.96，布尔津建成投产后服务新疆电网，同时服务于新能源消纳，承担电力系统调峰、填谷、储能、调频、调相、紧急事故备用等任务。

（4）达坂城抽水蓄能电站

2022 年 9 月，达坂城抽水蓄能电站预可行性研究报告通过审查。 电站位于新疆维吾尔自治区乌鲁木齐市达坂城区，距乌鲁木齐直线距离约 143km。 电站装机容量 120 万 kW，额定水头 525m，距高比 5.12，建成后服务新疆电网，同时服务于新能源消纳，承担电力系统调峰、填谷、储能、调频、调相、紧急事故备用等任务。

（5）阜康东抽水蓄能电站

2022 年 9 月，阜康东抽水蓄能电站预可行性研究报告通过审查。 电站位于新疆维吾尔自治区昌吉回族自治州阜康市境内，距乌鲁木齐市直线距离约 140km。 电站装机容量 140 万 kW，额定水头 510m，距高比 4.0。 电站建成后服务新疆电网，同时服务于新能源消纳，承担电力系统调峰、填谷、储能、调频、调相、紧急事故备用等任务。

（6）额敏抽水蓄能电站

2022 年 11 月，额敏抽水蓄能电站预可行性研究报告通过审查。 电站位于新疆维吾尔自治区塔城地区额敏县境内，距离乌鲁木齐市直线距离约 380km。 电站装机容量 140 万 kW，额定水头 600m，距高比 4.02，建成后服务新疆电网，同时服务于新能源消纳，承担电力系统调峰、填谷、储能、调频、调相、紧急事故备用等任务。

（7）榆树沟抽水蓄能电站

2022 年 12 月，榆树沟抽水蓄能电站预可行性研究报告通过审查。 电站位于新疆维吾尔自治区哈密市伊州区境内，距离哈密市、乌鲁木齐市直线距离分别约 40km、650km。电站装机容量 140 万 kW，额定水头 540m，距高比 5.2，建成后服务新疆电网，同时服务于新能源消纳，承担电力系统调峰、填谷、储能、调频、调相、紧急事故备用等任务。

（8）阿克陶抽水蓄能电站

2022 年 12 月，阿克陶抽水蓄能电站预可行性研究报告通过审查。 电站位于新疆维吾尔自治区克孜勒苏柯尔克孜自治州阿克陶县境内，距乌鲁木齐市、喀什市直线距离分别约 1680km、120km，距阿图什市直线距离约 150km。 电站装机容量 120 万 kW，额定水头 605m，距高比 1.81，建成后服务新疆电网，同时服务于新能源消纳，承担电力系统调峰、填谷、储能、调频、调相、紧急事故备用等任务。

6 项目核准情况

6.1 总体情况

2022 年，全国新核准抽水蓄能电站 48 座，核准总装机规模 6890 万 kW。 2022 年是历年来核准规模最大的一年，年度核准规模超过之前 50 年投产的总规模。 截至 2022 年年底，抽水蓄能电站在建总装机规模为 1.21 亿 kW。 全国核准在建及 2022 年核准抽水蓄能装机容量分布如图 6.1 所示。

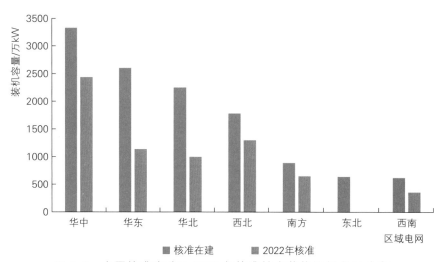

图 6.1　全国核准在建及 2022 年核准抽水蓄能装机容量分布

6.2 核准项目概况

6.2.1 华北区域

（1）河北省

2022 年，河北省核准抽水蓄能电站 6 座，总装机容量 880 万 kW。 其中，石家庄市 1 座，装机容量 140 万 kW；承德市 2 座，总装机容量 400 万 kW；唐山市 1 座，装机容量 100 万 kW；保定市 1 座，装机容量 120 万 kW；邢台市 1 座，装机容量 120 万 kW。 河北省 2022 年核准抽水蓄能电站情况见表 6.1。 河北省抽水蓄能电站效果如图 6.2～图 6.7 所示。

表 6.1　　　　　　　　　河北省 2022 年核准抽水蓄能电站情况表

序号	电站名称	所在地	装机容量/万 kW	总投资/亿元	业 主 单 位	设 计 单 位
1	滦平	承德市	120	82.37	北京大地远通（集团）有限公司	中国电建集团昆明勘测设计研究院有限公司

序号	电站名称	所在地	装机容量 /万 kW	总投资 /亿元	业 主 单 位	设 计 单 位
2	邢台	邢台市	120	84.70	华源电力股份有限公司	中国电建集团北京勘测设计 研究院有限公司
3	灵寿	石家庄市	140	93.33	华源电力股份有限公司	中国电建集团北京勘测设计 研究院有限公司
4	隆化	承德市	280	161.47	中国电力建设集团 有限公司	中国电建集团北京勘测设计 研究院有限公司、 中国电建集团昆明勘测设计 研究院有限公司
5	阜平	保定市	120	81.99	深圳能源集团股份 有限公司	中国电建集团北京勘测设计 研究院有限公司
6	迁西	唐山市	100	71.74	华源电力股份有限公司	中国电建集团昆明勘测设计 研究院有限公司

图 6.2 河北滦平抽水蓄能电站效果图

图 6.3 河北邢台抽水蓄能电站效果图

图 6.4　河北灵寿抽水蓄能电站效果图

图 6.5　河北隆化抽水蓄能电站效果图

图 6.6　河北阜平抽水蓄能电站效果图

图6.7　河北迁西抽水蓄能电站效果图

（2）内蒙古自治区

2022年，内蒙古自治区核准抽水蓄能电站1座，装机容量120万kW，即乌海抽水蓄能电站，位于乌海市。内蒙古自治区2022年核准抽水蓄能电站情况见表6.2。内蒙古自治区抽水蓄能电站效果如图6.8所示。

表6.2　　　　　　　内蒙古自治区**2022**年核准抽水蓄能电站情况表

序号	电站名称	所在地	装机容量 /万kW	总投资 /亿元	业 主 单 位	设 计 单 位
1	乌海	乌海市	120	86.11	内蒙古电力（集团） 有限责任公司	中国电建集团北京勘测设计 研究院有限公司

图6.8　内蒙古乌海抽水蓄能电站效果图

6.2.2 华东区域

（1）浙江省

2022 年，浙江省核准抽水蓄能电站 5 座，总装机容量 780 万 kW。 其中，杭州市 2 座，总装机容量 380 万 kW；温州市 1 座，装机容量 120 万 kW；丽水市 2 座，总装机容量 280 万 kW。 浙江省 2022 年核准抽水蓄能电站情况见表 6.3。 浙江省抽水蓄能电站效果如图 6.9～图 6.13 所示。

表 6.3　　　　　　　浙江省 2022 年核准抽水蓄能电站情况表

序号	电站名称	所在地	装机容量/万 kW	总投资/亿元	业　主　单　位	设　计　单　位
1	建德	杭州市	240	140.55	协鑫（集团）控股有限公司	中国电建集团华东勘测设计研究院有限公司
2	松阳	丽水市	140	88.03	中国长江三峡集团有限公司	中国电建集团华东勘测设计研究院有限公司
3	景宁	丽水市	140	92.03	中国电力建设集团有限公司	中国电建集团华东勘测设计研究院有限公司
4	桐庐	杭州市	140	87.33	桐庐县国有资本投资运营控股集团有限公司	中国电建集团华东勘测设计研究院有限公司
5	永嘉	温州市	120	79.85	中国电力建设集团有限公司	中国电建集团华东勘测设计研究院有限公司

图 6.9　浙江建德抽水蓄能电站效果图

图 6.10　浙江松阳抽水蓄能电站效果图

图 6.11　浙江景宁抽水蓄能电站效果图

图 6.12　浙江桐庐抽水蓄能电站效果图

图 6.13 浙江永嘉抽水蓄能电站效果图

（2）安徽省

2022 年，安徽省核准抽水蓄能电站 3 座，总装机容量 360 万 kW，六安市、宣城市、池州市各 1 座，装机容量均为 120 万 kW。安徽省 2022 年核准抽水蓄能电站情况见表 6.4。安徽省抽水蓄能电站效果如图 6.14～图 6.16 所示。

表 6.4　　　　　　　　安徽省 2022 年核准抽水蓄能电站情况表

序号	电站名称	所在地	装机容量/万 kW	总投资/亿元	业 主 单 位	设 计 单 位
1	宁国	宣城市	120	78.01	国家电网有限公司	中国电建集团华东勘测设计研究院有限公司
2	霍山	六安市	120	79.80	国家能源投资集团有限责任公司	中国电建集团华东勘测设计研究院有限公司
3	石台	池州市	120	78.95	中国长江三峡集团有限公司	长江设计集团有限公司

图 6.14 安徽宁国抽水蓄能电站效果图

图 6.15　安徽霍山抽水蓄能电站效果图

图 6.16　安徽石台抽水蓄能电站效果图

6.2.3　华中区域

（1）江西省

2022 年，江西省核准抽水蓄能电站 1 座，装机容量 180 万 kW，即洪屏二期抽水蓄能电站，位于宜春市。 江西省 2022 年核准抽水蓄能电站情况见表 6.5。 江西省抽水蓄能电站效果如图 6.17 所示。

表 6.5　　　　　　　　　江西省 2022 年核准抽水蓄能电站情况表

序号	电站名称	所在地	装机容量/万 kW	总投资/亿元	业 主 单 位	设 计 单 位
1	洪屏二期	宜春市	180	84.66	国家电网有限公司	中国电建集团华东勘测设计研究院有限公司

97

图 6.17　江西洪屏二期抽水蓄能电站效果图

（2）河南省

2022 年，河南省核准抽水蓄能电站 4 座，总装机容量 630 万 kW，郑州市、洛阳市、安阳市、新乡市各 1 座，装机容量分别为 120 万 kW、180 万 kW、120 万 kW、210万 kW。河南省 2022 年核准抽水蓄能电站情况见表 6.6。河南省抽水蓄能电站效果如图 6.18～图 6.21 所示。

表 6.6　　　　　　　　河南省 2022 年核准抽水蓄能电站情况表

序号	电站名称	所在地	装机容量 /万 kW	总投资 /亿元	业 主 单 位	设 计 单 位
1	九峰山	新乡市	210	131.61	春江集团有限公司	黄河设计院
2	后寺河	郑州市	120	86.52	中国长江三峡集团 有限公司	中国电建集团中南勘测设计 研究院有限公司
3	弓上	安阳市	120	86.57	河南投资集团有限公司	中国电建集团中南勘测设计 研究院有限公司
4	龙潭沟	洛阳市	180	114.95	国家电网有限公司	中国电建集团中南勘测设计 研究院有限公司

图 6.18　河南九峰山抽水蓄能电站效果图

图 6.19 河南后寺河抽水蓄能电站效果图

图 6.20 河南弓上抽水蓄能电站效果图

图 6.21 河南龙潭沟抽水蓄能电站效果图

（3）湖北省

2022 年，湖北省核准抽水蓄能电站 9 座，总装机容量 969.6 万 kW。 其中，宜昌市 3 座，总装机容量 480 万 kW；十堰市 1 座，装机容量 29.8 万 kW；荆州市 1 座，装机容量 120 万 kW；孝感市 1 座，装机容量 30 万 kW；黄冈市 2 座，总装机容量 169.8 万 kW；咸宁市 1 座，装机容量 140 万 kW。 湖北省 2022 年核准抽水蓄能电站情况见表 6.7。 湖北省抽水蓄能电站效果如图 6.22～图 6.30 所示。

表 6.7　　　　　　　　湖北省 2022 年核准抽水蓄能电站情况表

序号	电站名称	所在地	装机容量 /万 kW	总投资 /亿元	业 主 单 位	设 计 单 位
1	清江	宜昌市	120	88.69	中国长江三峡集团有限公司	中国电建集团中南勘测设计研究院有限公司
2	宝华寺	宜昌市	120	86.26	中国长江三峡集团有限公司	中国电建集团中南勘测设计研究院有限公司
3	江西观	荆州市	120	81.98	国家能源投资集团有限责任公司	中国电建集团中南勘测设计研究院有限公司
4	紫云山	黄冈市	140	85.80	国家电网有限公司	中国电建集团中南勘测设计研究院有限公司
5	魏家冲	黄冈市	29.8	24.55	中国广核集团有限公司	中国电建集团中南勘测设计研究院有限公司
6	黑沟	孝感市	30	28.14	中国电力建设集团有限公司	中国电建集团中南勘测设计研究院有限公司
7	太平	宜昌市	240	150.23	中国长江三峡集团有限公司	中国电建集团中南勘测设计研究院有限公司
8	潘口混合式	十堰市	29.8	26.83	汉江水利水电（集团）有限责任公司	中国电建集团中南勘测设计研究院有限公司、湖北省水利水电规划勘测设计院
9	通山 （大幕山）	咸宁市	140	93.52	国家电网有限公司	中国电建集团中南勘测设计研究院有限公司

图 6.22　湖北清江抽水蓄能电站效果图

图 6.23　湖北宝华寺抽水蓄能电站效果图

图 6.24　湖北江西观抽水蓄能电站效果图

图 6.25　湖北紫云山抽水蓄能电站效果图

图 6.26　湖北魏家冲抽水蓄能电站效果图

图 6.27　湖北黑沟抽水蓄能电站效果图

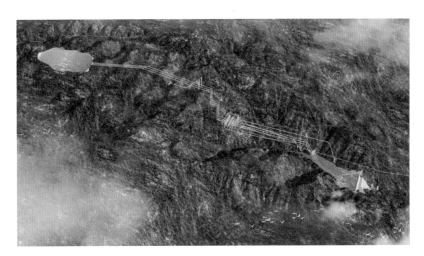

图 6.28　湖北太平抽水蓄能电站效果图

图 6.29　湖北潘口混合式抽水蓄能电站效果图

图 6.30　湖北通山（大幕山）抽水蓄能电站效果图

（4）湖南省

2022年，湖南省核准抽水蓄能电站4座，总装机容量660万kW。其中，株洲市2座，总装机容量300万kW；常德市1座，装机容量120万kW；益阳市1座，装机容量240万kW。湖南省2022年核准抽水蓄能电站情况见表6.8。湖南省抽水蓄能电站效果如图6.31～图6.34所示。

表6.8　　　　　　　　　湖南省2022年核准抽水蓄能电站情况表

序号	电站名称	所在地	装机容量/万kW	总投资/亿元	业　主　单　位	设　计　单　位
1	安化	益阳市	240	151.40	国家电网有限公司	中国电建集团中南勘测设计研究院有限公司
2	罗萍江	株洲市	120	82.30	中国电建集团有限公司	中国电建集团中南勘测设计研究院有限公司
3	木旺溪	常德市	120	82.70	国家电力投资集团公司	中国电建集团中南勘测设计研究院有限公司
4	广寒坪	株洲市	180	119.75	中国长江三峡集团有限公司	中国电建集团中南勘测设计研究院有限公司

图6.31　湖南安化抽水蓄能电站效果图

图6.32　湖南罗萍江抽水蓄能电站效果图

图 6.33　湖南木旺溪抽水蓄能电站效果图

图 6.34　湖南广寒坪抽水蓄能电站效果图

6.2.4　南方区域

（1）广东省

2022 年，广东省核准抽水蓄能电站 4 座，总装机容量 500 万 kW。其中，惠州市 1 座，装机容量 120 万 kW；汕尾市 1 座，装机容量 140 万 kW；肇庆市 1 座，装机容量 120 万 kW；云浮市 1 座，装机容量 120 万 kW。广东省 2022 年核准抽水蓄能电站情况见表 6.9。广东省抽水蓄能电站效果如图 6.35～图 6.38 所示。

表 6.9　　　　　　　　　广东省 2022 年核准抽水蓄能电站情况表

序号	电站名称	所在地	装机容量 /万 kW	总投资 /亿元	业　主　单　位	设　计　单　位
1	水源山	云浮市	120	62.53	广东能源集团有限公司	广东省水利电力勘测设计研究院有限公司

续表

序号	电站名称	所在地	装机容量 /万 kW	总投资 /亿元	业 主 单 位	设 计 单 位
2	三江口	汕尾市	140	90.27	广东能源集团有限公司	中国电建集团中南勘测设计 研究院有限公司
3	浪江	肇庆市	120	86.70	中国南方电网有限 责任公司	中国电建集团中南勘测设计 研究院有限公司
4	中洞	惠州市	120	83.73	中国南方电网有限 责任公司	广东省水利电力勘测设计 研究院有限公司

图 6.35　广东水源山抽水蓄能电站效果图

图 6.36　广东三江口抽水蓄能电站效果图

图 6.37　广东浪江抽水蓄能电站效果图

图 6.38　广东中洞抽水蓄能电站效果图

（2）贵州省

2022 年，贵州省核准抽水蓄能电站 1 座，装机容量 150 万 kW，即贵阳抽水蓄能电站。贵州省 2022 年核准抽水蓄能电站情况见表 6.10。贵州省抽水蓄能电站效果如图 6.39 所示。

图 6.39　贵州贵阳抽水蓄能电站效果图

表 6.10 贵州省 2022 年核准抽水蓄能电站情况表

序号	电站名称	所在地	装机容量/万 kW	总投资/亿元	业 主 单 位	设 计 单 位
1	贵阳	贵阳市	150	92.47	广东能源集团有限公司	中国电建集团贵阳勘测设计研究院有限公司

6.2.5 西南区域

（1）重庆市

2022 年，重庆市核准抽水蓄能电站 2 座，总装机容量 240 万 kW，分别位于云阳县、奉节县，装机容量均为 120 万 kW。重庆市 2022 年核准抽水蓄能电站情况见表 6.11。重庆市抽水蓄能电站效果如图 6.40 和图 6.41 所示。

图 6.40　重庆建全抽水蓄能电站效果图

图 6.41　重庆菜籽坝抽水蓄能电站效果图

表 6.11　　　　　　　　　　重庆市 2022 年核准抽水蓄能电站情况表

序号	电站名称	所在地	装机容量 /万 kW	总投资 /亿元	业 主 单 位	设 计 单 位
1	建全	云阳县	120	91.05	中国电力建设集团 有限公司	中国电建集团中南勘测设计 研究院有限公司
2	菜籽坝	奉节县	120	82.81	中国长江三峡集团 有限公司	中国建筑上海设计 研究院有限公司

（2）四川省

2022 年，四川省核准抽水蓄能电站 1 座，装机容量 120 万 kW，即两河口混合式抽水蓄能电站，位于甘孜藏族自治州。 四川省 2022 年核准抽水蓄能电站情况见表 6.12。 四川省抽水蓄能电站效果如图 6.42 所示。

表 6.12　　　　　　　　　　四川省 2022 年核准抽水蓄能电站情况表

序号	电站名称	所在地	装机容量 /万 kW	总投资 /亿元	业 主 单 位	设 计 单 位
1	两河口 混合式	甘孜州	120	87.49	国家开发投资集团 有限公司	中国电建集团成都勘测设计 研究院有限公司

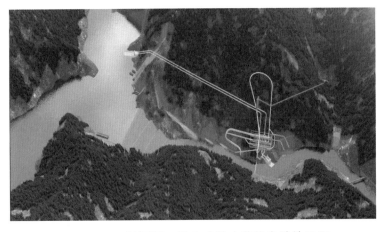

图 6.42　四川两河口混合式抽水蓄能电站效果图

6.2.6　西北区域

（1）甘肃省

2022 年，甘肃省核准抽水蓄能电站 4 座，总装机容量 540 万 kW。 其中，酒泉市 1 座，装机容量 120 万 kW；张掖市 2 座，总装机容量 280 万 kW；武威市 1 座，装机容量 140 万 kW。 甘肃省 2022 年核准抽水蓄能电站情况见表 6.13。 甘肃省抽水蓄能电站效果

如图 6.43~图 6.46 所示。

表 6.13 甘肃省 2022 年核准抽水蓄能电站情况表

序号	电站名称	所在地	装机容量/万 kW	总投资/亿元	业 主 单 位	设 计 单 位
1	皇城	张掖市	140	113.50	中国电建集团有限公司	中国电建集团西北勘测设计研究院有限公司
2	张掖	张掖市	140	96.26	中国长江三峡集团有限公司	中国电建集团西北勘测设计研究院有限公司
3	玉门	酒泉市	120	101.66	国家电网有限公司	广东省水利电力勘测设计研究院有限公司
4	黄羊	武威市	140	109.79	中国长江三峡集团有限公司	中国建筑上海设计研究院有限公司、中国电建集团西北勘测设计研究院有限公司

图 6.43 甘肃皇城抽水蓄能电站效果图

图 6.44 甘肃张掖抽水蓄能电站效果图

图 6.45　甘肃玉门抽水蓄能电站效果图

图 6.46　甘肃黄羊抽水蓄能电站效果图

（2）青海省

2022 年，青海省核准抽水蓄能电站 3 座，总装机容量 760 万 kW。其中，海南藏族自治州 2 座，总装机容量 520 万 kW；海西蒙古族藏族自治州 1 座，装机容量 240 万 kW。青海省 2022 年核准抽水蓄能电站情况见表 6.14。青海省抽水蓄能电站效果如图 6.47～图 6.49 所示。

表 6.14　　　　　　　　青海省 2022 年核准抽水蓄能电站情况表

序号	电站名称	所在地	装机容量/万 kW	总投资/亿元	业　主　单　位	设　计　单　位
1	哇让	海南藏族自治州	280	159.38	国家电网有限公司	中国电建集团华东勘测设计研究院有限公司
2	同德	海南藏族自治州	240	170.34	国家能源投资集团有限责任公司	中国电建集团西北勘测设计研究院有限公司
3	南山口	海西蒙古族藏族自治州	240	170.94	中国长江三峡集团有限公司	中国电建集团西北勘测设计研究院有限公司

图 6.47　青海哇让抽水蓄能电站效果图

图 6.48　青海同德抽水蓄能电站效果图

图 6.49　青海南山口抽水蓄能电站效果图

7 工程项目造价

2022 年，全国核准 48 项抽水蓄能电站工程项目，总装机容量 6890 万 kW。平均单位千瓦静态投资 5492 元/kW，较 2021 年平均单位造价增涨约 1.50%。

7.1 抽水蓄能电站项目投资构成分析

2022 年核准的抽水蓄能电站项目核准投资各分项单位造价及所占比例见表 7.1 和图 7.1。

表 7.1 抽水蓄能电站项目核准投资各分项单位造价及所占比例

序号	项 目 名 称	单位造价 /(元/kW)	所占比例 /%
1	施工辅助工程	390	7.10
2	建筑工程	1947	35.45
3	环境保护工程和水土保持工程	120	2.18
4	机电设备及安装工程	1288	23.45
5	金属结构设备及安装工程	290	5.28
6	建设征地及移民安置补偿费用	203	3.69
7	独立费用	857	15.60
8	基本预备费	397	7.25
9	静态投资	5492	100

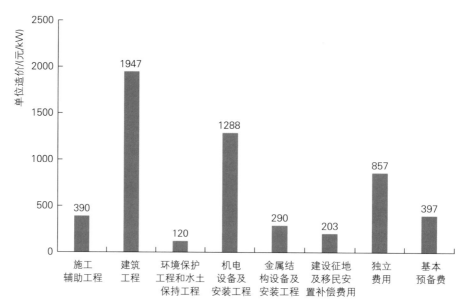

图 7.1 抽水蓄能项目核准投资各分项单位造价

由表 7.1 和图 7.1 可见，抽水蓄能电站项目投资主要集中在建筑工程，占比约35％，其次是机电设备及安装工程，占比约 23％。建设工程费用主要集中于上下水库、输水系统及地下厂房系统；机电部分因采用可逆式水泵水轮机、发电电动机机组单价较高，因此机电设备投资较高。

抽水蓄能电站涉及环境影响因素较少，且水库淹没影响范围较小，因此环境保护、建设征地及移民安置补偿费用占比较小，分别在 2％和 4％左右。

7.2　不同区域抽水蓄能电站项目造价水平

2022 年核准的抽水蓄能电站所处区域分布数量及平均单位造价情况为：华北区域 7项，核准静态投资单位造价为 5460 元/kW；华东区域 8 项，单位造价为 5275 元/kW；华中区域 18 项，单位造价为 5385 元/kW；西北区域 7 项，单位造价为 5774 元/kW；南方区域 5项，单位造价为 5459 元/kW；西南区域 3 项，单位造价为 6032 元/kW；东北区域无核准项目。不同区域抽水蓄能电站项目单位造价及构成情况见表 7.2 和图 7.2。

表 7.2　　　　　不同区域抽水蓄能电站项目各分项单位造价　　　　单位:元/kW

序号	项 目 名 称	华北区域	华东区域	华中区域	西北区域	南方区域	西南区域
1	施工辅助工程	360	341	385	413	467	438
2	建筑工程	1943	1808	1870	2232	1902	1965
3	环境保护工程和水土保持工程	141	140	109	112	113	105
4	机电设备及安装工程	1218	1209	1235	1401	1378	1516
5	金属结构设备及安装工程	279	271	296	366	171	288
6	建设征地及移民安置补偿费用	247	256	219	85	227	180
7	独立费用	825	884	841	793	924	1074
8	基本预备费	446	365	430	371	276	467
9	静态投资	5460	5275	5385	5774	5459	6032

对比各区域抽水蓄能电站项目造价水平，西南区域最高，其次是西北区域，主要原因是 2022 年西南区域核准的 3 个项目差异性较大，其中云阳建全抽水蓄能电站砂石骨料、垫层、反滤料均采用外购方案拉高了建设投资，且征地移民投资也较高；两河口混合抽水蓄能电站虽然利用了已建上下水库，但上下水库进出水口均为高边坡开挖、高预留岩埂围堰挡水、输水洞及进厂交通洞较长、机组重量大，导致投资高于其他抽水蓄能

电站。 西北区域地质条件较差、水资源稀缺，需要设置补水工程并承担一定水权费用，导致整体投资较高。 华东、南方区域建设条件较好，单位造价水平较低。

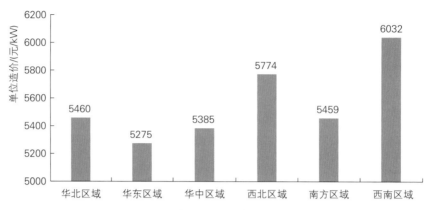

图 7.2　不同区域抽水蓄能电站项目单位造价

7.3　不同装机规模区间抽水蓄能电站项目造价水平

2022 年核准的抽水蓄能电站按装机规模划分为小于 50 万 kW（3 项）、50 万～100 万 kW（无项目）、100 万～150 万 kW（33 项）、150 万～200 万 kW（4 项）、200 万～360 万 kW（8 项）。 其中，已核准的最小装机规模区间 0～50 万 kW 单位造价为 7762 元/kW，最大装机规模区间 200 万～360 万 kW 单位造价为 5084 元/kW。 不同装机规模区间抽水蓄能电站项目单位造价及构成情况见表 7.3 和图 7.3。

表 7.3　　　不同装机规模区间抽水蓄能电站项目各分项单位造价　　单位：元/kW

序号	项目名称	0～50 万 kW	100 万～150 万 kW	150 万～200 万 kW	200 万～360 万 kW
1	施工辅助工程	572	403	388	355
2	建筑工程	2695	2017	1652	1868
3	环境保护工程和水土保持工程	193	134	104	93
4	机电设备及安装工程	1802	1320	1192	1229
5	金属结构设备及安装工程	300	282	231	328
6	建设征地及移民安置补偿费用	320	238	168	135
7	独立费用	1183	926	781	724
8	基本预备费	697	424	332	353
9	静态投资	7762	5744	4849	5084

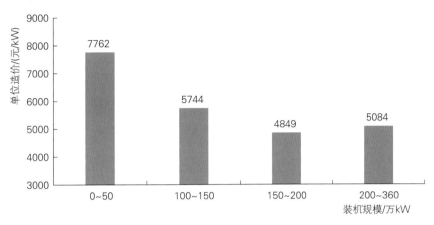

图 7.3 不同装机规模区间抽水蓄能电站项目单位造价

按装机规模分析，抽水蓄能电站单位造价基本呈现单位造价随规模增大而逐渐降低的规模效应，但 2022 年核准的 200 万～360 万 kW 装机规模的电站中有两项位于青海省，建设条件较差，单位造价指标较高，导致 200 万～360 万 kW 装机规模单位造价高于 150 万～200 万 kW 装机规模单位造价。

7.4 不同水库形成方式抽水蓄能电站项目造价分析

2022 年核准的抽水蓄能电站按水库形成方式划分为新建上下水库（37 项）、单库利用已建水库（8 项）、双库利用已建水库（3 项）二类。其中新建上下水库单位造价最高，为 5566 元/kW，双库利用已建水库单位造价最低，为 5097 元/kW。不同水库形成方式抽水蓄能电站项目单位造价及构成情况见表 7.4 和图 7.4。

表 7.4　　　　不同水库形成方式抽水蓄能电站项目各分项单位造价　　单位：元/kW

序号	项 目 名 称	新建上下水库	单库利用已建水库	双库利用已建水库
1	施工辅助工程	393	396	329
2	建筑工程	1972	1896	1743
3	环境保护工程和水土保持工程	123	118	78
4	机电设备及安装工程	1260	1369	1412
5	金属结构设备及安装工程	294	282	255
6	建设征地及移民安置补偿费用	226	128	121
7	独立费用	887	768	731
8	基本预备费	412	334	429
9	静态投资	5566	5291	5097

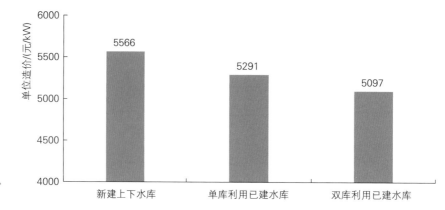

图 7.4　不同水库形成方式抽水蓄能电站项目单位造价

　　利用已建水库减少了库盆开挖、防渗及大坝填筑工程投资，但由于水库占用，影响原电站的发电水位等问题，可能会增加库容占用、发电损失补偿费用，部分项目还需要对已建水库进行除险加固。但总体而言，利用已建水库有利于降低工程投资。

7.5　不同库盆防渗型式抽水蓄能电站项目造价分析

　　2022 年核准的抽水蓄能电站按库盆防渗型式分为上下水库局部防渗（28 项）、单库全库盆防渗（14 项）、上下水库全库盆防渗（6 项）三类。其中上下水库局部防渗工程单位造价最低，为 5378 元/kW，上下水库全库盆防渗工程单位造价最高，为 5906 元/kW。不同库盆防渗型式抽水蓄能电站项目单位造价及构成情况见表 7.5 和图 7.5。

表 7.5　　　　　　　　不同库盆防渗型式抽水蓄能电站项目各分项单位造价　　　　　　　单位:元/kW

序号	项 目 名 称	上下水库局部防渗	单库全库盆防渗	上下水库全库盆防渗
1	施工辅助工程	377	404	409
2	建筑工程	1860	1935	2305
3	环境保护工程和水土保持工程	122	118	115
4	机电设备及安装工程	1271	1321	1276
5	金属结构设备及安装工程	258	304	383
6	建设征地及移民安置补偿费用	250	166	105
7	独立费用	878	817	866
8	基本预备费	361	437	448
9	静态投资	5378	5501	5906

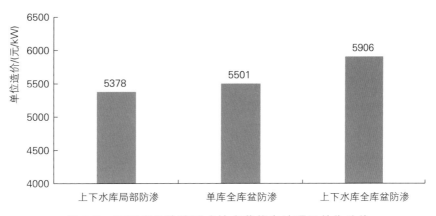

图 7.5　不同库盆防渗型式抽水蓄能电站项目单位造价

南方地区一般地质情况较好且水资源丰富，多采用局部垂直防渗型式，单位造价较低；北方地区因岩石风化、库区渗漏问题严重且水资源匮乏，多采用混凝土面板、沥青混凝土面板全库盆防渗型式，库盆防渗工程投资较大，单位造价较高。

7.6　趋势分析

2017—2022 年核准抽水蓄能电站静态投资单位造价变化趋势如图 7.6 所示。

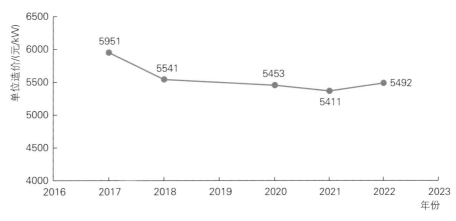

图 7.6　2017—2022 年核准抽水蓄能电站静态

投资单位造价变化趋势

通过图 7.6 可以看出，除 2017 年因江苏溧阳抽水蓄能电站建设条件较差拉高投资水平外，其他各年静态单位造价水平基本在 5500 元/kW 左右，相对稳定。

7.7 新技术新工艺造价情况

（1）数码电子雷管在抽水蓄能电站中的应用

2021 年 11 月，工业和信息化部印发《"十四五"民用爆炸物品行业安全发展规划》（工信部规〔2021〕183 号）（以下简称"规划"），要求全面推广工业数码电子雷管，除保留少量产能用于出口或其他经许可的特殊用途外，2022 年 6 月底前停止生产、8 月底前停止销售除工业数码电子雷管外的其他工业雷管。按照规划要求，各类建设工程开始全面推广使用工业数码电子雷管。抽水蓄能电站石方明挖、洞挖作业在建设成本中占比较高，全面推广应用工业数码电子雷管，现场起爆安全性得到极大提高，但同时也增加了建设成本，工业数码电子雷管单价是普通非电毫秒电子雷管的近 10 倍，等量替换后，石方洞挖单价将增加 10%～20%。

（2）TBM 在抽水蓄能电站中的应用

抽水蓄能电站地下洞室群开挖工程量较大，目前主要应用的钻爆法施工存在安全风险高、工艺质量不易控制、作业环境差、通风要求高等问题。为贯彻落实国家关于安全、环保的高要求，提高施工机械化水平，多个抽水蓄能电站开始采用 TBM 技术进行部分地下洞室开挖。相较传统的钻爆法开挖，TBM 具有施工效率高、安全、环保、施工效果好的优点。但 TBM 掘进开挖成本要远高于传统钻爆法施工，TBM 开挖成本约为传统钻爆法的 3~5 倍。

7.8 有关造价政策情况

（1）《企业会计准则解释第 15 号》

2021 年 12 月 30 日，财政部印发《企业会计准则解释第 15 号》（财会〔2022〕35 号）（以下简称"会计准则解释第 15 号"）。

会计准则解释第 15 号规定：企业将固定资产达到预定可使用状态前或者研发过程中产出的产品或副产品对外销售（以下统称试运行销售）的，应当按照《企业会计准则第14 号——收入》《企业会计准则第 1 号——存货》等规定，对试运行销售相关的收入和成本分别进行会计处理，计入当期损益，不应将试运行销售相关收入抵销相关成本后的净额冲减固定资产成本或者研发支出。根据该规定，抽水蓄能电站在联合试运转过程中的发电效益不再冲减固定资产成本。

（2）企业安全生产费用提取和使用管理办法

为贯彻安全发展新理念，推动企业落实主体责任，加强企业安全生产投入，根据

《中华人民共和国安全生产法》等法律法规，财政部、应急管理部于 2022 年 11 月 21 日印发了《企业安全生产费用提取和使用管理办法》（财资〔2022〕136 号）。 根据该办法，2022 年 12 月 16 日可再生能源定额站印发《关于调整水电工程、风电场工程及光伏发电工程计价依据中安全文明施工措施费费用标准的通知》（可再生定额〔2022〕39号），将《水电工程费用构成及概（估）算费用标准》（国能新能〔2014〕359 号）中的安全文明施工措施费费率由 2% 调整为 2.5%。

8 项目建设情况

8.1　在建项目总体情况

截至 2022 年年底，全国在建抽水蓄能项目共 98 个，其中 2022 年新核准建设项目 48 个，各在建项目整体进展顺利，基本按照施工进度计划安排有序建设实施。

2022 年内蒙古芝瑞、河南洛宁共 2 个项目完成了工程截流；山东文登项目上水库、河南天池项目上水库和下水库、辽宁清原项目下水库、福建厦门项目上水库、福建永泰项目上水库和下水库开展了工程蓄水工作；浙江长龙山、山东沂蒙、安徽金寨、黑龙江荒沟、吉林敦化、广东梅州（一期）、广东阳江（一期）及福建周宁 8 个项目实现机组全容量投产发电，河北丰宁项目已投产 7 台机组，福建永泰项目已投产 3 台机组；安徽绩溪和山东沂蒙 2 个项目完成了枢纽工程专项验收；全国已投运抽水蓄能项目中江西洪屏、江苏溧阳、广东清远、广东惠州、广东深圳及海南琼中 6 个项目完成了竣工验收，内蒙古呼和浩特项目启动了工程竣工验收。

8.2　华北区域

8.2.1　河北省

河北省在建抽水蓄能电站共 10 个，分别为丰宁、易县、抚宁、尚义、滦平、灵寿、邢台、隆化、阜平、迁西等抽水蓄能电站，除了丰宁抽水蓄能电站已部分机组投产发电外，其余项目正在进行筹建或处于主体工程施工期，抚宁和尚义项目即将截流。截至 2022 年 12 月底，河北省核准在建抽水蓄能电站建设进展见表 8.1。

表 8.1　　　　　　河北省核准在建抽水蓄能电站建设进展

序号	电站名称	形　象　进　度
1	丰宁	上水库工程、下水库工程、输水系统均已施工完成，地下厂房除 11 号发电机层未施工完成外，其余土建工程均已完工；项目已有 7 台机组投入商业运行，其余机组在陆续安装
2	易县	上水库和下水库大坝正在填筑，引水和尾水系统正在开挖支护，地下厂房第一层开挖支护完成
3	抚宁	主要进行场内交通等筹建项目施工，通风洞及交通洞使用"抚宁号"TBM 掘进贯通
4	尚义	正在筹建
5	滦平	正在筹建

序号	电站名称	形 象 进 度
6	灵寿	正在筹建
7	邢台	正在筹建
8	隆化	正在筹建
9	阜平	正在筹建
10	迁西	正在筹建

8.2.2　山西省

山西省在建抽水蓄能电站共 2 个，分别为垣曲、浑源抽水蓄能电站，均在筹建中。截至 2022 年 12 月底，山西省核准在建抽水蓄能电站建设进展见表 8.2。

表 8.2　　　　　　　　　山西省核准在建抽水蓄能电站建设进展

序号	电站名称	形 象 进 度
1	垣曲	主要进行场内交通、渣场治理、业主营地等筹建项目施工，引水系统施工支洞正在开挖
2	浑源	正在施工通风兼安全洞、进厂交通洞、泄洪排沙洞及场内道路

8.2.3　内蒙古自治区西部地区

内蒙古自治区西部地区在建抽水蓄能电站为乌海抽水蓄能电站，工程正在筹建。

8.2.4　山东省

山东省在建抽水蓄能电站共 4 个，分别为沂蒙、文登、潍坊、泰安二期抽水蓄能电站。沂蒙抽水蓄能电站 2022 年 10 月通过枢纽工程专项验收，文登抽水蓄能电站分别于 2022 年 1 月和 11 月开展下水库和上水库（一期）蓄水验收工作，泰安二期正在进行筹建。截至 2022 年 12 月底，山东省核准在建抽水蓄能电站建设进展见表 8.3。

表 8.3　　　　　　　　　山东省核准在建抽水蓄能电站建设进展

序号	电站名称	形 象 进 度
1	沂蒙	工程 4 台机组已全部投入商业运行。目前正在开展场区绿化工程施工、达标创优和各专项验收工作

序号	电站名称	形 象 进 度
2	文登	下水库蓄水完成；上水库一期面板浇筑完成并开展一期蓄水，二期面板正在浇筑；地下厂房开挖支护完成，已投产 2 台机组，正在进行剩余 4 台机组安装。1 号和 2 号引水和尾水系统充排水试验完成；3 号引水系统在进行压力钢管安装，尾水在进行衬砌施工
3	潍坊	下水库进出水口正在进行开挖支护，挡水围堰填筑完成；上水库正在进行库盆开挖和大坝填筑；引水系统正在开挖，尾水系统开挖已启动，地下厂房及主变洞顶拱层开挖完成
4	泰安二期	正在进行场内道路及有关交通洞的施工，下水库坝基在进行开挖

8.3 东北区域

8.3.1 辽宁省

辽宁省在建抽水蓄能电站共 2 个，分别为清原、庄河抽水蓄能电站。清原抽水蓄能电站于 2022 年 9 月下闸蓄水，计划 2023 年 12 月首台机组投产发电；庄河抽水蓄能电站正在筹建。截至 2022 年 12 月底，辽宁省核准在建抽水蓄能电站建设进展见表 8.4。

表 8.4　　　　辽宁省核准在建抽水蓄能电站建设进展

序号	电站名称	形 象 进 度
1	清原	下水库工程已蓄水；上水库面板和进出水口混凝土浇筑完成，正在进行帷幕灌浆施工，引水和尾水系统开挖基本完成，正在进行衬砌施工，地下厂房正在进行机组安装
2	庄河	正在筹建

8.3.2 吉林省

吉林省在建抽水蓄能电站共 2 个，分别为敦化、蛟河抽水蓄能电站。2022 年 4 月，敦化抽水蓄能电站 4 台机组全部投入商业运行。截至 2022 年 12 月底，吉林省核准在建抽水蓄能电站建设进展见表 8.5。

表 8.5　　　截至 2022 年 12 月底吉林省核准在建抽水蓄能电站建设进展

序号	电站名称	形 象 进 度
1	敦化	4 台机组全部投入商业运行，正在开展竣工安全鉴定工作
2	蛟河	正在筹建

8.3.3 黑龙江省

黑龙江省在建抽水蓄能电站共 2 个，分别为荒沟、尚志抽水蓄能电站。 2022 年 6 月，荒沟抽水蓄能电站 4 台机组全部投入商业运行。 截至 2022 年 12 月底，黑龙江省核准在建抽水蓄能电站建设进展见表 8.6。

表 8.6 黑龙江省核准在建抽水蓄能电站建设进展

序号	电站名称	形 象 进 度
1	荒沟	4 台机组全部投入商业运行，正在开展竣工安全鉴定工作
2	尚志	正在筹建

8.3.4 内蒙古自治区东部地区

内蒙古自治区东部地区在建抽水蓄能电站为芝瑞抽水蓄能电站。 芝瑞项目于 2022 年 8 月顺利完成工程截流，进厂交通洞、通风兼安全洞、泄洪排沙洞开挖支护完成；场内交通道路、上下水库连接道路已建设完成。 上水库大坝、下水库拦沙坝和拦河坝正在填筑，引水和尾水系统正在开挖支护，地下厂房第二层开挖支护完成。

8.4 华东区域

8.4.1 江苏省

江苏省在建抽水蓄能电站为句容抽水蓄能电站。 上水库大坝填筑完成，下水库坝体填筑及沥青混凝土面板施工完成，地下厂房开挖支护完成，已向机组工作移交工作面，主变洞第三层开挖完成，引水及尾水系统正在开展压力钢管安装及混凝土回填。

8.4.2 浙江省

浙江省在建抽水蓄能电站共 12 个，分别为宁海、缙云、天台、长龙山、衢江、磐安、泰顺、桐庐、松阳、建德、景宁、永嘉抽水蓄能电站。 长龙山抽水蓄能电站 6 台机组于 2022 年 6 月全部投产发电，其余项目正在筹建或处于主体工程施工期，天台和衢江项目即将截流。 截至 2022 年 12 月底，浙江省核准在建抽水蓄能电站建设进展见表 8.7。

表 8.7 浙江省核准在建抽水蓄能电站建设进展

序号	电站名称	形 象 进 度
1	宁海	上水库和下水库工程大坝面板浇筑完成,下水库溢洪道施工完成,进出水口在进行混凝土浇筑,引水和尾水系统开挖支护基本完成,引水系统在进行压力管道安装,尾水系统在衬砌,地下厂房和主变洞开挖支护完成,已向机电交面
2	缙云	上水库和下水库大坝填筑完成,引水和尾水系统正在开挖支护,地下厂房开挖支护完成并已向机电交面,主变洞开挖支护完成
3	天台	主要进行进场交通和输水系统施工支洞等项目施工,主厂房第二层和主变洞第一层开挖支护完成,导流泄放洞和竖井式溢洪道正在开挖
4	长龙山	6 台机组全部投产发电
5	衢江	进厂交通洞贯通,正在开展大坝坝基开挖,地下厂房和主变洞正在进行第二层开挖
6	磐安	正在筹建
7	泰顺	正在筹建
8	桐庐	正在筹建
9	松阳	正在筹建
10	建德	正在筹建
11	景宁	正在筹建
12	永嘉	正在筹建

8.4.3 安徽省

安徽省在建抽水蓄能电站共 6 个,分别为绩溪、金寨、桐城、石台、宁国、霍山抽水蓄能电站。绩溪抽水蓄能电站 2022 年 9 月完成枢纽工程专项验收,金寨抽水蓄能电站于 2022 年 12 月底实现半年 4 台机组投产发电,其余项目正在筹建。截至 2022 年 12 月底,安徽省核准在建抽水蓄能电站建设进展见表 8.8。

表 8.8 安徽省核准在建抽水蓄能电站建设进展

序号	电站名称	形 象 进 度
1	绩溪	6 台机组已于 2021 年全部投产,2022 年 9 月完成了枢纽工程专项验收
2	金寨	2022 年 12 月 4 台机组全部投产发电
3	桐城	正在筹建
4	石台	正在筹建
5	宁国	正在筹建
6	霍山	正在筹建

8.4.4 福建省

福建省在建抽水蓄能电站共 4 个，分别为厦门、周宁、永泰、漳州抽水蓄能电站。厦门项目上水库、永泰项目上水库和下水库已蓄水；周宁项目 4 台机组已全部投产发电，永泰项目已投产 3 台机组；漳州项目正在筹建。 截至 2022 年 12 月底，福建省核准在建抽水蓄能电站建设进展见表 8.9。

表 8.9　　　　　　　　　　福建省核准在建抽水蓄能电站建设进展

序号	电站名称	形 象 进 度
1	厦门	上水库工程已下闸蓄水，下水库正在进行大坝面板、溢洪道及进出水口施工，引水系统在安装压力钢管，尾水系统在衬砌施工，地下厂房在进行机组安装
2	周宁	4 台机组已全部投产发电
3	永泰	已投产 3 台机组，正在进行末台机组安装
4	漳州	正在筹建

8.5　华中区域

8.5.1 江西省

江西省在建抽水蓄能电站共 2 个，分别为奉新、洪屏二期抽水蓄能电站，项目均在筹建中。

8.5.2 河南省

河南省在建抽水蓄能电站共 8 个，分别为天池、洛宁、五岳、鲁山、九峰山、后寺河、弓上、龙潭沟抽水蓄能电站。 天池抽水蓄能电站上、下水库均已蓄水，1 号、2 号机组在进行调试，其余项目正在进行筹建或处于主体工程施工期。 截至 2022 年 12 月底，河南省核准在建抽水蓄能电站建设进展见表 8.10。

表 8.10　　　　　　　　　　河南省核准在建抽水蓄能电站建设进展

序号	电站名称	形 象 进 度
1	天池	上水库和下水库工程均已施工完成并顺利蓄水，1 号、2 号机组在进行调试，1 号引水和尾水系统已施工完成
2	洛宁	上水库大坝填筑完成，上库进出水口闸门井开挖完成，下水库大坝填筑完成 44%，地下厂房第六层开挖完成，引水下平洞和尾水隧洞开挖支护完成，上平洞正在开挖，斜井 TBM 设备在组装

续表

序号	电站名称	形象进度
3	五岳	上水库主、副坝正在填筑；引水和尾水系统正在进行开挖支护，主副厂房、主变洞已经开挖支护完成并移交机电安装；下水库进出水口施工完成，尾水检修闸门已下闸挡水，一期明渠已进水，二期明渠正在开挖
4	鲁山	正在筹建
5	九峰山	正在筹建
6	后寺河	正在筹建
7	弓上	正在筹建
8	龙潭沟	正在筹建

8.5.3 湖北省

湖北省在建抽水蓄能电站共 11 个，分别为平坦原、清江、紫云山、远安、宝华寺、江西观、魏家冲、黑沟、太平、潘口（混合式）、通山抽水蓄能电站，所有项目均在筹建中。

8.5.4 湖南省

湖南省在建抽水蓄能电站共 5 个，分别为平江、安化、广寒坪、罗萍江、木旺溪抽水蓄能电站。所有项目均在筹建或处于主体工程施工期，平江项目即将截流。截至 2022 年 12 月底，湖南省核准在建抽水蓄能电站建设进展见表 8.11。

表 8.11　　　　　　　　　湖南省核准在建抽水蓄能电站建设进展

序号	电站名称	形象进度
1	平江	上水库工程、下水库工程、输水系统均正在开挖，地下厂房第三层开挖完成，正在浇筑岩锚梁
2	安化	正在筹建
3	广寒坪	正在筹建
4	罗萍江	正在筹建
5	木旺溪	正在筹建

8.6 南方区域

8.6.1 广东省

广东省在建抽水蓄能电站共 7 个，分别为梅州一期和二期、阳江、中洞、浪江、水源

山、三江口抽水蓄能电站。 阳江和梅州一期抽水蓄能电站机组均已全部投产发电，其余项目正在筹建。 截至 2022 年 12 月底，广东省核准在建抽水蓄能电站建设进展见表 8.12。

表 8.12　　　　　　　广东省核准在建抽水蓄能电站建设进展

序号	电站名称	形　象　进　度
1	梅州一期	4 台机组已全部投产发电
2	梅州二期	引水和尾水系统正在开挖，地下厂房第三层开挖完成
3	阳江	3 台机组已全部投产发电
4	中洞	正在筹建，进厂交通洞和通风兼安全洞正在开挖
5	浪江	正在筹建，进厂交通洞和通风兼安全洞正在开挖
6	水源山	正在筹建
7	三江口	正在筹建

8.6.2　广西壮族自治区

广西壮族自治区在建抽水蓄能电站为南宁抽水蓄能电站，正在进行地下厂房第二层、尾水主洞、各施工支洞开挖，上水库正在进行施工便道和导流洞开挖，下水库开始部分环库道路施工。

8.6.3　贵州省

贵州省在建抽水蓄能电站为贵阳抽水蓄能电站，目前正在筹建。

8.7　西南区域

8.7.1　重庆市

重庆市在建抽水蓄能电站共 4 个，分别为蟠龙、栗子湾、云阳、菜籽坝抽水蓄能电站。 截至 2022 年 12 月底，重庆市核准在建抽水蓄能电站建设进展见表 8.13。

表 8.13　　　　　　　重庆市核准在建抽水蓄能电站建设进展

序号	电站名称	形　象　进　度
1	蟠龙	上水库主副坝面板混凝土浇筑完成，下水库大坝填筑完成，上、下水库进出水口结构混凝土浇筑完成，引水正在进行压力钢管安装，尾水系统正在衬砌
2	栗子湾	正在筹建
3	云阳	正在筹建
4	菜籽坝	正在筹建

8.7.2　四川省

四川省在建抽水蓄能电站为两河口（混合式）抽水蓄能电站，项目正在筹建。

8.8　西北区域

8.8.1　陕西省

陕西省在建抽水蓄能电站为镇安抽水蓄能电站。工程正在开展上、下水库大坝填筑、库盆开挖、溢洪道混凝土浇筑；引水系统正在进行压力管道安装，尾水系统在进行衬砌，地下厂房开挖支护完成，正在进行机组安装。

8.8.2　甘肃省

甘肃省在建抽水蓄能电站共4个，分别为皇城、张掖、昌马、黄羊抽水蓄能电站，均处于筹建阶段。

8.8.3　青海省

青海省在建抽水蓄能电站共3个，分别为哇让、同德、南山口抽水蓄能电站，均处于筹建阶段。

8.8.4　宁夏回族自治区

宁夏回族自治区在建抽水蓄能电站为牛首山抽水蓄能电站，项目处于筹建阶段。

8.8.5　新疆维吾尔自治区

新疆维吾尔自治区在建抽水蓄能电站共2个，分别为阜康、哈密抽水蓄能电站。截至2022年12月底，新疆维吾尔自治区核准在建抽水蓄能电站建设进展见表8.14。

表8.14　　　　新疆维吾尔自治区核准在建抽水蓄能电站建设进展

序号	电站名称	形　象　进　度
1	阜康	上水库主坝面板正在施工，副坝混凝土在浇筑，下水库主坝和拦沙坝施工完成，放空洞衬砌完成，引水和尾水系统正在进行混凝土衬砌和灌浆施工，厂房开挖支护完成，正在进行4台机组安装
2	哈密	正在筹建

9 运行情况

9.1　全国总体情况

2022 年，国网新源控股有限公司抽水蓄能运行趋势符合明显的"双峰"态势，即迎峰度夏、迎峰度冬间高强度运行。 从时间分布来看，1—3 月迎峰度冬、冬奥保电及全国两会保电时期，机组总体运行强度略低于同期水平；4—5 月负荷水平低且多地新能源大发，电网对机组抽水运行的需求大幅增长；迎峰度夏期间（6—9 月），多地用电负荷屡创新高，抽水蓄能电站抽发电量、机组抽水启动次数等指标同比均有所增长；党的二十大保电期间（10 月 9—24 日），各电站保持高运行强度水平，发电量、抽水电量同比均增加40% 以上，全力保障电力可靠供应；度冬期间（11—12 月），受北方供热负荷和南方采暖负荷上升、冬季大风期、疫情防控等诸多因素影响，抽水蓄能运行强度较去年相比有了进一步提升。

9.1.1　电力保供生力军作用显著

2022 年重大活动多，持续时间长，从年初贯穿全年，国网新源控股有限公司各电站严阵以待，圆满完成冬奥会、全国两会、党的二十大、上海进博会等一系列保电任务。面对复杂的保供形势，国网新源控股有限公司各抽水蓄能电站和常规水电站坚决扛起重任，严格执行调度指令，全年抽水蓄能机组随调随启，发电、抽水电量同比增加 20%，发电、抽水启动次数同比增加 6%、16%，有效发挥了电力保供生力军作用。 特别是迎峰度夏期间，华中、华东等区域电网积极应对南方地区最高温度、最少水电、最大负荷、最长时间"四最"叠加挑战，持续高强度、大负荷运行，在极端情况下有力保障了电力安全可靠供应。 南方电网储能股份有限公司各抽水蓄能电站 2022 年度共参与系统调相任务 7175 次，有效保障了系统电压的稳定。

9.1.2　服务能源电力转型彰显价值

当前新型电力系统建设快速推进，新能源装机占比快速提升。 受新能源规模快速增长及出力波动影响，国网新源控股有限公司抽水蓄能机组抽水工况运行强度显著提升，特别是在新能源装机规模偏大的华北、东北地区，对抽水蓄能的午间抽水需求较高，尤其华北已经出现午间抽水新能源消纳需求高于夜间抽水填谷需求的情况。 抽水蓄能机组"两抽两发"覆盖率不断提高，为提升新能源利用水平、支撑能源电力转型发挥了不可或缺的重要作用。

9.1.3　多种运行方式积极响应系统需求

高比例新能源出力波动、高比例电力电子设备接入、分布式能源应用规模扩大，都会导致电网频率波动加剧，使电网灵活调节需求明显增加。2022 年全年抽水蓄能机组共 4075 台次参与调频，同比增加 64.31%，有效应对"双高"电力系统日益增长的灵活调节需求；抽水蓄能机组抽水调相工况旋转备用达 2470 台次，同比增加 92.37%，特别是在山东、山西、福建等地区抽水调相旋备次数较多；机组短时运行频繁出现，5min 内、15min 内、30min 内短时运行次数分别为 282 次、723 次、1083 次，有效服务当地电力系统快速调节，特别是华北地区短时抽水运行次数占比明显高于其他地区。主要已全部投运抽水蓄能电站 2022 年度运行情况见表 9.1。

表 9.1　　　　　主要已全部投运抽水蓄能电站 2022 年度运行情况

序号	电站名称	综合利用小时数/h	抽水次数	发电次数
1	十三陵	2490.19	1483	1426
2	潘家口	2302.32	1058	935
3	张河湾	2620.35	1454	1392
4	西龙池	1803.17	1094	1095
5	泰山	2575.02	2211	2143
6	丰宁	2461.89	1078	999
7	沂蒙	3089.80	1923	1798
8	天荒坪	3260.04	1834	2439
9	桐柏	3348.84	1563	1793
10	宜兴	2287.58	1083	1523
11	琅琊山	3114.56	1489	1190
12	仙居	3457.27	1487	1879
13	响水涧	3133.48	1571	1335
14	绩溪	2911.58	2090	1739
15	仙游	3334.59	1357	2125
16	响洪甸	2536.65	487	522
17	金寨	2363.48	264	233
18	回龙	3359.74	898	932
19	宝泉	3078.66	1437	1350
20	莲蓄	2104.82	1021	1122
21	黑麋峰	2863.48	1326	1466
22	洪屏	3805.64	1564	1645
23	广州	1687.48	1526	3019
24	惠州	2055.17	1992	4241
25	清远	2739.88	1184	2434
26	深圳	1936.55	662	1101
27	琼中	1813.29	875	929
28	梅州	2223.63	800	1332
29	阳江	3643.58	819	1194

9.2　各区域运行情况

分电网区域来看，2022 年，在运抽水蓄能电站在不同的系统需求中可以较好地满足电站设计的开发功能定位，同时为新能源消纳、核电安全稳定，促进系统整体低碳经济运行发挥较好的作用。

华中电网抽水蓄能机组在配合电网调峰填谷和事故支援，应对极端灾害天气、重大节假日保电等关键时刻做出了重要贡献，有效保障了电网安全稳定运行、电力可靠供应和清洁能源消纳。华中电网抽水蓄能机组度冬、度夏期间运行强度高，2 月、6 月综合利用小时数为各区域最高。在电力供应偏紧的江西省，抽水蓄能机组运行强度增幅明显，江西洪屏抽水蓄能有限公司全年综合利用小时数已超 3800h，同比增加 44% 以上。另外电网对抽水蓄能的临时调节需求明显增加，导致频繁修改抽水蓄能计划曲线，机组随调随启充分发挥调节作用（见图 9.1）。

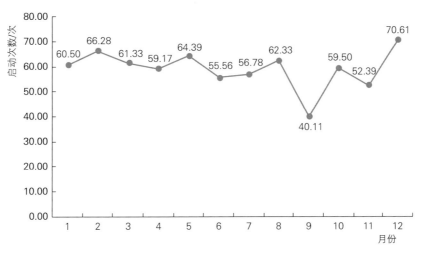

图 9.1　2022 年华中区域抽水蓄能机组
逐月台均启动次数曲线图

华北电网有着强烈的促进新能源消纳需求，在光伏装机规模较大的地区，抽水蓄能机组总体呈现白天集中抽水、早晚高峰发电的运行规律，"两抽两发"覆盖率显著提升，午间抽水强度大于夜间。总体来看华北抽水蓄能机组在政治保电、支撑新能源入网及消纳等方面作用明显，截至 2022 年年底，华北电网抽水蓄能综合利用小时数达 2487.86h，同比增加 12%。2022 年华北区域抽水蓄能机组逐月台均启动次数如图 9.2 所示。

华东电网抽水蓄能调用计划性强，机组启停及出力按照调度下发的 96 点计划曲线执

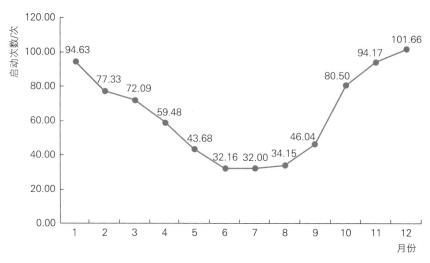

图 9.2　2022 年华北区域抽水蓄能机组

逐月台均启动次数曲线图

行，区域内抽水蓄能机组度冬、度夏期间运行强度高，与往年运行规律相近，总体呈现"两抽两发"特征（见图 9.3）。特别是 7 月迎峰度夏电力保供期间，华东电网用电负荷屡创新高，抽水蓄能机组保持"两抽三发"运行方式，各项运行指标增幅较大，有力保障大电网安全稳定运行。

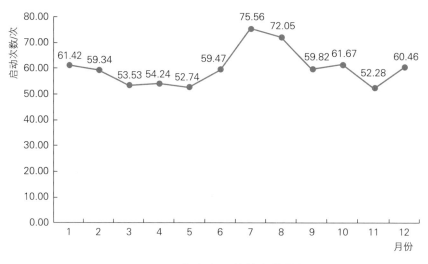

图 9.3　2022 年华东区域抽水蓄能机组

逐月台均启动次数曲线图

东北电网抽水蓄能机组已经成为助力新能源消纳、配合核电高负荷运行、电力保供和电源结构调整不可或缺的手段，吉林敦化抽水蓄能有限公司、黑龙江牡丹江抽水蓄能有限公司陆续全面投产使东北电网结构得到进一步优化，调节能力得到增强。全年东北区域抽水蓄能机组总体保持"两抽两发"运行方式，运行强度最大的时段集中在 3—5 月

（见图9.4），这个时段用电负荷水平低且新能源出力大，消纳需求最为强烈，抽水蓄能机组运行强度全年最高，综合利用小时数、台均抽发次数均为各区域之首。

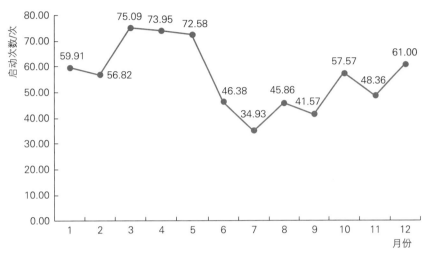

图 9.4　2022 年东北区域抽水蓄能机组

逐月台均启动次数曲线图

9.3　典型案例分析

9.3.1　紧急开机顶出力

2022 年春节期间，因湖北省某电厂 1 台机组跳机，白莲河抽水蓄能电站按照华中网调要求，紧急开 4 号机组发电工况运行，负荷 20 万 kW，服务时长 37min；2022 年 11 月某日，因湖南电网故障，祁韶直流紧急降出力 100 万 kW，按照华中网调令，黑麋峰抽水蓄能电站 3 台机、洪屏抽水蓄能电站 1 台机紧急由抽水运行转停机，待故障隔离后 4 台机又开至抽水工况运行，共计服务时长 98min。

9.3.2　迎峰度冬电力保供

2022 年 11 月，因受寒潮影响，敦化抽水蓄能电站按照东北网调调令，1 号机发电运行顶出力，上库水位到达冬季运行下限水位后才停机；丰宁抽水蓄能电站按照华北网调调令，7 台机满发（含正在调试的 8 号机组），负荷 210 万 kW。

9.3.3　保障特高压安全

2022 年 7 月，吉泉直流（±1100kV，新疆昌吉–安徽古泉）加大输电功率，在安徽

主网的落脚点附近线路重载、越限情况严重，响水涧抽水蓄能电站、绩溪抽水蓄能电站机组为配合电网潮流调整，按调度指令频繁临时开停机、修改发电计划曲线，其中响水涧抽水蓄能电站机组最短抽水运行时间 2min。

9.3.4 发挥"三道防线"作用

2022 年 10 月，因山东电网某电源发生跳机，大功率缺额智能决策系统动作，自动开泰山抽水蓄能电站 1~3 号机组发电，总出力 75 万 kW，运行 8min 后转停机。

9.3.5 挂网旋转备用

泰山抽水蓄能电站、西龙池抽水蓄能电站、张河湾抽水蓄能电站、沂蒙抽水蓄能电站多次抽水调相工况运行作为旋转备用，全年共计 2055 台次，以应对电网突发频率波动。

10 工程建设技术

10.1　概述

随着"双碳"目标的促动和建设新型电力系统，抽水蓄能电站作为技术最成熟、储能容量最大、经济最优势的储能形式得到广泛共识。2022 年抽水蓄能迎来跨越式发展，在工程选址、复杂地质条件、复杂运行条件等方面进行了不断创新与突破，进行多方面的技术攻关，在工程数字化智能化方面也开展了大量有益探索和实践，为抽水蓄能电站高质量发展提供了有力支撑。

10.2　近期主要技术进展

10.2.1　工程地质勘察

在抽水蓄能电站建设爆发式增长的大背景下，工程地质勘察在勘察周期、勘察技术应用和工程地质信息分析等方面面临巨大的挑战，但也取得了长足的进展，如：在加强前期策划的基础上提前开展平洞勘探，陕西曹坪、浙江景宁等站点在预可行性研究阶段实施勘探平洞开挖，大大缩短了可行性研究阶段勘察周期；在设计方案初步确定的前提下，结合永久建筑物设计布置勘探平洞可节约勘察周期和勘察费用；为加快平洞勘察进度，小断面 TBM 掘进技术在山西垣曲二期站点率先使用；可溶岩地区岩溶水文地质、工程地质问题复杂，在云南泸西站点开展了近千米的深孔钻探，为了解地下深埋输水发电系统工程地质条件提供了依据；应用地球物理勘探技术勘察库盆岩溶洼地、岩溶管道系统以及输水线路沿线地质构造和水文地质条件在湖北大冶站点、贵州地区站点勘测中得到充分应用，为水库渗漏、库岸稳定以及地下洞室岩溶问题评价提供了充分的依据；浙江庆元站点通过在输水线路沿线布置 EH4 勘探剖面对地下厂房洞室群位置选择指明了方向。

在当前地质背景复杂、勘察周期紧张的前提下，应充分利用行业内技术力量做好前期策划及勘察技术手段的综合应用和尝试，才能确保工程地质勘察周期，保证勘察质量，进而满足现行规程规范的基本要求。

10.2.2　工程设计

抽水蓄能电站站址一般都是选在距离负荷近、地质条件好、补水条件好的区域，2022 年抽水蓄能电站设计呈爆发式增长，设计周期大为缩短，站址选择呈现了多样性、灵活性等特点，新增了较多地质条件复杂区域，高寒、高海拔区域，地震烈度高、水源匮

乏、生态环境脆弱区域，抽水蓄能电站设计及建设面临新的形势。

工程选址需要满足电力系统布局及功能要求，为电网服务站点多选择在负荷中心和枢纽变电站附近，在靠近核电站、大型清洁能源基地等附近也需要布局相应的蓄能工程。如甘肃玉门抽水蓄能电站靠近酒泉千万千瓦级风电基地，距最近的风电场约15km；新疆阜康抽水蓄能电站则距离负荷中心乌鲁木齐较近。

西北区域工程选址面临缺水、蒸发量大等问题，需满足抽水蓄能电站初期蓄水和运行期补水需求，同时要科学地处理好开发与环境保护的关系，合理避让自然保护区、风景名胜区、水源保护区，以及森林公园、地质公园等环境敏感区域。

在站址规划和水库选址中，多站址涉及可溶岩，岩溶相关工程地质问题逐渐具备共性。活动断裂引起的建筑物抗断问题、高地震动参数相关的抗震设防问题、岩体风化强烈和地下水埋深大引起的水库渗漏问题以及部分站址存在黄土工程地质问题等越来越突出。

大型纯抽水蓄能电站的上下水库高差多在 300～600m 之间，距高比一般小于 10，2～7 之间分布较集中。新选址的抽水蓄能电站距高比最大为徐水抽水蓄能电站，距高比 22.1。利用已有的电站水库进行混合式抽水蓄能开发，往往距高比大、水头低，水头多在 100～200m 之间，距高比超过 10。

部分工程还位于高寒、高海拔区域，导致运行条件更为复杂，新疆布尔津抽水蓄能电站工程上、下水库极端最低气温推测分别约 −50℃、−46℃。高寒、高海拔区域的抽水蓄能电站运行条件更为复杂等都是新面临的技术发展趋势。

10.2.3　建设管理与施工

（1）竖井与斜井

在敦化、深圳等抽水蓄能电站长斜井施工实践的基础上，中国长斜井施工技术和经验取得较大进展，在建天台抽水蓄能电站开展单级斜井施工长度 449.4m；洛宁抽水蓄能电站为中国首次在抽水蓄能电站斜井中采用 TBM 掘进，反挖法全断面一次成型，具有直径大（7.2m）、坡度大（最大坡度 38.7°）、斜井长（最大长度 928m）等特点，TBM 设备已完成现场组装，2023 年年初始发；平江抽水蓄能电站引水隧洞采用可变径 TBM 成套设备，实现大坡度斜井倾角达 50°、可变径范围 6.5～8m 级隧洞掘进，兼具平洞与斜井转换的连续施工能力，已完成主要技术研发工作。

周宁抽水蓄能电站输水系统竖井（含调压井）总高 453m，采用分段反井钻机进行导井施工、正井扩挖和支护同步完成的施工方法。近期抽水蓄能电站地下输水系统采用一级竖井布置方案的工程增多，如贵阳抽水蓄能电站输水系统竖井长 532m，南漳抽水蓄能电站竖井直段高度为 540m，肇庆抽水蓄能电站输水系统竖井施工深度为 562m，松阳抽水

蓄能电站输水系统竖井（含调压井）长 649m。竖井施工采用反井钻一次扩挖成型可有效加快施工进度，中国尚无可用于抽水蓄能电站长大竖井一次扩挖施工的钻机设备，已有多家投资单位联系设备厂商、施工单位开展一次扩挖成型的反井钻机或竖井 TBM 设备的研制工作。

（2）TBM 施工

小直径 TBM 在自流排水洞、排水廊道和地质勘探平洞中的应用在多个项目中得到推广。平江抽水蓄能电站自流排水洞和排水廊道采用 TBM 施工掘进，总长度为 7318m，已完成自流排水洞掘进施工，施工中最高日进尺 30.7m，最高月进尺 602.1m，平均月进尺 500m，实现最小转弯半径 27m；桐城抽水蓄能电站自流排水洞与排水廊道洞线总长 8.6km，采用 TBM 施工，TBM 于 2022 年 2 月始发，已完成洞段月进尺最大 706m，单日最大进尺 42m；垣曲二期抽水蓄能电站为全国首个采用 TBM 掘进地质勘探平洞的抽水蓄能项目，勘探平洞长 1338.2m，历时 129 天完成掘进任务，单日最快掘进 31.05m。

进厂交通洞和通风洞 TBM 掘进施工在抚宁抽水蓄能电站开展试点应用，抚宁抽水蓄能电站采用的 TBM 具有大断面（直径 9.53m）和超小转弯半径（90m）的特点，设备于 2021 年 10 月始发，2022 年 5 月掘进至厂房，2022 年 10 月出洞，累计掘进 2228m，最大月度进尺 303m，单日最大进尺 21.2m；乌海抽水蓄能电站进厂交通洞和通风洞采用小直径 TBM 掘进导洞再扩挖的施工方案，TBM 掘进的导洞长度约 3000m，导洞打通后相应洞段再扩挖为设计断面，单日掘进 48m，创下中国小直径 TBM 施工最快纪录。

（3）施工进度控制技术

针对新时期抽水蓄能电站施工工艺水平不断提升、开发建设周期不断压缩的特点，参建各方都对工程施工总进度予以高度关注，围绕合理安排建设工期、尽早发挥工程效益，已经在组织开展相关研究工作，相关研究大体分为两类：一类旨在创新施工技术和工艺，提高关键线路项目的施工效率，比如针对地下厂房洞室群开挖支护施工、输水隧洞控制段开挖支护施工、地下厂房大体积混凝土施工、机组安装与调试等方面的创新技术、工艺或工法，从已有成果来看，对于地质条件较好的项目，采用机械化、智能化等创新手段，地下厂房洞室群开挖支护进度保证性有较大的提高，但厂房系统的施工技术和工艺研究未出现突破性进展，且施工工作面狭窄、施工工序繁多，厂房系统主体施工的进度总体未有大的提升，仅受不同规模、不同地质条件等因素影响，各个项目厂房主体施工进度略有差异。另一类则侧重建设管理层面的协调和创新，比如统筹考虑前期工作与工程筹建的合理衔接，优化筹建期和施工准备期项目进度安排，结合工程特点协调优化预可行性研究阶段、可行性研究阶段、项目核准、环境保护与国土资源手续办理等工作安排，以期尽早具备主体工程施工条件。如结合地方交通建设在筹建期开展工程进场道路、场内交通及其他相应公用临建设施施工，结合补充勘探在筹建期开展通风兼安全

洞乃至厂房上层中导洞的施工，进一步探明地下工程地质条件、压缩工程施工准备期及厂房开挖支护施工工期等。尽管全国已经开展了大量有益的尝试，但考虑到抽水蓄能电站建设条件的复杂性，工程建设工期管理必将面临诸多挑战，有必要整合行业资源，通过关键技术攻关，推动施工质量与效率进一步明显提升，以及行业技术进步。

（4）进出水口的堰塞和岩坎施工

2022 年 3 月开工的泰顺抽水蓄能电站下水库进出水口位于珊溪水库，正开展前期工作的乌溪江混合式抽水蓄能电站上水库进出水口位于湖南镇水电站水库，受水库水位影响进出口常年位于水下，同时受环境保护等因素影响，不具备干地施工条件，上述两个项目受影响进出水口拟采用岩塞爆破施工，尚有部分关键技术问题待研究解决。水电行业正在编制的《水下岩塞爆破设计规范》将为水下岩塞爆设计和实施提供重要的技术支撑。

青海贵南哇让抽水蓄能电站下水库利用已建的拉西瓦水库，根据拉西瓦水库的运行要求，下水库进出水口采用预留岩坎挡水，岩坎长 114.55m，岩坎高 32.7m，后期爆破拆除，拆除工程量约 10.5 万 m^3。由于岩坎高、拆除工程量大，周围环境复杂等原因，岩坎拆除爆破难度大。

10.2.4　环境保护与水土保持

抽水蓄能电站的水环境保护措施和水土保持措施采用的处理设备和工艺不断优化和进步，部分技术已达到中国领先水平。

（1）砂石料加工系统废水处理

砂石料加工系统废水处理主要采用辐流沉淀法和高效净化器法两种工艺。

辐流沉淀法处理工艺是一种较为成熟的废水处理技术，具有操作简单、处理能力强、效率高、投资省等特点，在砂石加工废水处理中的应用也较广泛。但由于占地面积较大，在受场地限制的工程中应用受到一定的限制。

高效净化器法处理砂石冲洗废水，其核心设备高效净化器为成套设备，运行时无须机械搅拌，水力条件好，能快速有效去除废水中的高浓度悬浮物，且占地面积较小。但投资及运行成本相对较高，对运行维护管理也有较高要求。由于大部分抽水蓄能电站施工场地布置难度较大，因此高效净化器法处理工艺在抽水蓄能电站中运用较多。

（2）生活污水处理

污水处理站采用 A/O 生物处理工艺，生活污水集中至调节池后，用泵提升至厌氧池，经厌氧、好氧、沉淀及消毒后出水回用。污水处理站主要用于施工人数较多的承包商营地的生活污水处理，一般人数超过 5000 人，设备投资高，运行维护费用相对较大。

成套生活污水处理设备主要采用生物接触氧化法。这种方法是处理生活污水的一种

常用方法，主要应用于中小规模的污水处理。因为抽水蓄能电站主要施工场地分为上水库和下水库，各施工场地人数较少，所以成套生活污水处理设备在抽水蓄能电站得到广泛运用。

（3）生态流量监控

在水电工程中下泄生态流量已是生态环境保护的主要措施，并且在常规水电站中得到广泛研究和运用。为了进一步研究生态流量下泄效果，提出生态流量在线监测要求。由于抽水蓄能电站上、下水库所在沟道流量较小，普遍采用 SULN－200F 型超声波流量计。该流量计采用非接触式超声波进行流量的测量，适用于淡水、海水等可均匀传导超声波、流速在 0～30m/s 的液体，可测量 15～6000mm 的钢、铸铁、水泥等管道，可安装于上水库及下水库的生态流量放水管出口处。该流量计具有自动流量数据储存功能，并可与电脑连接进行流量监测原始数据的长期备份和储存。

（4）水土保持措施

工程建设过程中扰动原地貌，破坏地表植被，损坏原有的水土保持设施，地表抗侵蚀能力减弱。抽水蓄能电站上下水库开挖、输水系统、上下水库连接公路和施工临时设施区的开挖、填筑将形成大面积的裸露面和弃渣。施工前进行表土剥离，针对不同土地类型剥离相应厚度的表土进行集中堆放，用于施工后期绿化覆土。施工期对渣场、转存料场、表土堆存场设置拦挡和截排水措施，施工过程中和施工结束后对施工场地及时采用当地适宜的乔灌草种进行植被恢复，减缓水土流失对环境的影响。

10.2.5　安全反恐及应急

抽水蓄能电站在建设过程中严格落实安全、应急设施"三同时"（同时设计、同时施工、同时投产使用）管理制度，有效保障了抽水蓄能从业人员在劳动过程中的健康和安全。近年来，依托安全技术的快速发展，抽水蓄能电站安全管理也在不断探索实现创新性、信息化、数字化的新模式：

（1）抽水蓄能电站已统一纳入全国流域水电应急大数据平台管理，与此同时，溃坝洪水模拟、地下厂房人员定位、基于动态场景风险评估、风险情景推演模拟、应急指挥决策系统等一系列安全创新技术已在部分抽水蓄能电站得到实践运用，显著提升了抽水蓄能电站在监测预警、应急处置、灾损分析等方面的能力和水平。

（2）伴随着抽水蓄能电站反恐防范技术日益成熟和标准化，安全防范系统"五同步"（同计划、同布置、同检查、同总结、同比评）得到有效落实，大部分抽水蓄能电站实现了实体防范、电子防范和人力防范的有机联动、信息的集中处理与共享应用。电站安全防范系统综合运用视频监控系统、入侵和紧急报警系统、出入口控制系统、电子巡查系统和反无人机主动防御系统等范措技术，全面有效地进行安全防范数据采集、识

别、传输、处理、告警、联动和综合管理，提升了对恐怖和安全事件的检测、识别、预警和处置能力，对恐怖和安全事件做到尽早发现、迅速响应、有效处置、降低社会影响，促进工程安全管理智能化起到了积极作用。

10.2.6　工程数字化智能化

按照国家和行业相关要求，抽水蓄能电站正在加快数字化、智能化转型工作，扎实推进工程全生命周期信息化数字化总体规划、建设期智能化建造总体规划和运行期智慧化运营初步规划的编制与实施，并开展了大量有益的探索和实践。

（1）工程信息化数字化

随着信息技术的日益成熟，抽水蓄能信息化数字化技术与应用取得长足发展，在仙居、清远等多个抽水蓄能项目中取得较好应用成效。以项目管理为核心的项目建设管理系统，在抽蓄工程建设中应用较为广泛，已成为工程建设多方工作协同的基础平台；以物联网技术为基础的智慧工地应用，在工地现场安全管控作用显现，实现了人、机、料、法、环的全方位实时监控；IT 基础设施、数据中心、应用支撑系统等日渐成熟，为智能建造和智慧运营专项技术应用提供了有力的数字化能力支持。宁海、缙云、天台、肇庆浪江等抽水蓄能电站均建立了基建智能管控中心或智慧工地管理系统，综合运用云计算、大数据、物联网、人工智能等技术，通过云系统及现场智能监控设备，实现了包括人员管理、智能打卡、对象定位、扫码、环境监测、车辆管理、档案管理等功能的建设期信息化数字化管理，以及对工程现场人员、机具、环境等各要素的智慧化管控。桐柏等投产较早的电站也在积极加强数字化基础能力建设，规划建设了覆盖全厂的 5G 专用网络。

（2）智能建造

在智能建造方面，国家电网有限公司、中国南方电网有限责任公司、中国长江三峡集团有限责任公司等单位在抽水蓄能电站数字化智能化建造作出了较多有益的、积极的探索与尝试，取得了相对较为丰富的成果和成功的经验。对于抽水蓄能电站建设过程中重点关注的施工环节（如压力钢管制造、TBM 掘进、砂石骨料加工、填筑、灌浆等），积极研发应用功能相对完善、独立的专项系统进行管理。缙云、宁海等抽水蓄能电站项目积极探索数字化智能化综合加工厂、压力钢管加工厂的创新实践，大大提高了加工过程的机械化智能化水平和管理智慧化水平；宁海抽水蓄能电站采用智慧档案库房，实现建设过程档案自动查询、自动盘点，提高了档案管理效率，开展了质量验评文件的在线归档试点。缙云、阳江等抽水蓄能电站大坝采用智能碾压技术，通过 GPS、传感器等监控机具的碾压轨迹、遍数、速度、厚度及搭接等参数，实现后台技术人员远程指挥机具操作手，提高碾压质量及自动化程度，减少人员投入与干预，增加了质量保证性。

（3）智慧运行

在智慧运营方面，以国家电网有限公司、中国南方电网有限责任公司为首的多家企业已开展了大量卓有成效的研发和实践，取得了丰硕成果。

中国南方电网有限责任公司以建设"安全、可靠、绿色、高效的智能水电厂"为目标，在生产控制智能化、业务管理智能化、支撑保障体系三大板块提出三十五项智能规划设想，目前已试点应用的有智能设备、智能巡检机器人、人员定位系统、基于专家知识库水电厂故障智能分析技术、智能厂用电管理、水电厂能耗管理系统、三维可视化运行仿真、智能仓储管理等十项。南方电网储能股份有限公司采用集控中心、一厂一座席模式对所属全部电厂集控监控，该模式极大地减少了运行管理人数。清远抽水蓄能电站作为可视化智能巡检系统的试点电站之一，在水轮机层设置 1 台轮式机器人，实现对水轮机层设备的智能巡检；同时开展了预测性设备智能维护系统试点，针对主变、GIS、GCB 实施基于智能摄像机的状态监测。南网储能平台已接入广州、惠州、清远、海南琼中、深圳 5 座已投运抽水蓄能电站的计算机监控系统、机组在线监测系统、GIS 局放监测系统、主变在线监测系统和大坝监测系统，阳江、梅州 2 座抽水蓄能电站正在接入，每个电站接入测点数量为 4 万~5 万点。此外，中国南方电网有限责任公司智能化建设规划研发模拟仿真及预测性设备智能维护系统，规划建设"南网储能公司设备状态大数据分析系统"，能够实现机组、主变、GIS、水工实时监测，并进行智能预警、大数据分析、状态评估、故障诊断等功能。

国家电网有限公司积极研究布局数字化智能电站建设，仙居、桐柏等多个抽水蓄能电站部署了关键部位和设备状态智能监控系统，积极推进智能仓储管理等专项技术应用。仙居抽水蓄能电站集中管控中心采用一个平台、八大业务板块、十大驾驶舱、N 个应用模块的功能构架，实现了厂站级各类信息的集中管理和高效集成，提高了日常工作效率。

10.3 工程建设技术挑战

10.3.1 特殊工程地质问题与应对

当前形势下，抽水蓄能站点在选址和勘测设计阶段面临较多的特殊工程地质问题，具体有以下方面：

（1）区域构造背景复杂形成的挑战，新疆、甘肃、青海等西部地区的站点面临着活动断裂引起的建筑物抗断设计、库址避让适当距离和高地震动参数相关的防震抗震设计问题。在应对此类问题方面时，应严格执行挡水建筑物不应建在活动断裂上的规定，同时要结合活动断裂的基本特性确定库址避让距离，在高地震动参数条件下大坝应做好相

应的防震抗震设计等。

（2）可溶岩地区复杂的岩溶水文地质、工程地质问题对选择技术可行、经济合理的建设方案形成较大影响，如贵州、云南、湖北清江流域、山西汾河流域等地区部分站点面临着合理选择上、下水库库址和输水发电系统布置，需充分认识水库渗漏、库岸稳定以及隐伏岩溶对洞室稳定影响等工程地质问题。因此，在此类地区综合利用勘探技术查明岩溶发育特征是工程施工和电站运行安全的前提。

（3）缓倾角结构面、软岩或软弱夹层的发育影响工程区边坡稳定和地下洞室群拱顶围岩稳定，勘测设计阶段大型地下洞室群位置的选择显得尤为重要，如湖北、湖南、重庆、甘肃等地区站点的地下洞室群布置需尽可能地避免泥岩、泥页岩等软岩和缓倾角层面的影响，充分的工程地质勘察和分析工作在应对上述挑战方面尤为重要。

（4）天然建筑材料的可利用性问题，如广东、广西等省份部分站点库盆及地下洞室开挖料中泥质成分含量偏高，软岩占比较大，影响大坝填筑料和人工骨料的质量，加之部分站点风化岩体占比大，给料源选择和挖填平衡造成较大影响，进而影响投资和工程进度。因此，在上述情况下应遵循"以料定坝"（以料源质量来选择适宜的坝型）的基本原则。湖北、江西部分地区站点花岗岩岩体中云母含量偏高，部分远超 2% 的限值，尽管通过大量试验研究工作后加以利用，但云母含量超标对混凝土的长期强度是否存在影响还有待于研究。

（5）除上述较为普遍的特殊工程地质问题以外，不同的建设形式也面临不同的挑战，具体如下：

1）混合式抽水蓄能电站建设面临已建水库进出水口的位置和形式选择问题，如拉西瓦水电站水库库区岸坡稳定问题给规划建设中的抽蓄站点下水库进出水口、两河口混合式抽水蓄能电站上水库进出水口等造成较大的影响，而与玛尔挡水电站同步建设的同德、玛沁站点，因为在电站蓄水之前就完成下水库进出水口的建设，所以避免了上述问题。

2）矿坑综合利用建设抽水蓄能电站面临矿坑边坡稳定性评估和支护设计以及运行期坑壁的长期稳定问题；利用地下采矿巷道作为上、下水库和输水发电系统则需重点评估巷道围岩稳定性和电站运行期洞室围岩稳定等特殊的工程地质问题。针对上述问题需要开展大量的科研和勘探工作，为后续站点选址和建设提供借鉴。

10.3.2　工程设计面临的技术问题

相对以往较好地利用地形凹地筑坝，在工程选址方面，呈现出多样性、灵活性，因地制宜的趋势。当抽水蓄能站点建设区域内无相对较好的沟谷地形条件时，在山顶开挖山脊、两侧山坡筑坝围挡，或在相对较平缓的区域下部开挖、上部填筑，在坡地靠山侧

开挖修坡、外侧填筑围合形成水库，比如辽宁大雅河、青海贵南哇让、甘肃黄羊、宁夏牛首山等抽水蓄能电站水库位于相对较平坦的山顶台地、戈壁滩以及黄河岸边阶地上，采用半挖半填的方式形成水库。

利用废弃矿坑、矿洞进行抽水蓄能电站建设是矿山综合治理较好的发展思路和方向。河北滦平抽水蓄能是中国首个规划利用矿坑的项目，江苏句容石砀山抽水蓄能规划结合地下矿产矿脉走向设计大型地下洞室作为下水库。

利用已建成的水库作为抽水蓄能水库的工程逐渐增多，其中包括上下水库均利用现有梯级水库并与原电站形成混合式抽水蓄能的电站，如两河口、乌溪江、紧水滩。另外仅下水库利用现有水库、新建上水库的抽水蓄能电站，如河南五岳抽水蓄能电站利用五岳水库、青海贵南哇让抽水蓄能电站利用拉西瓦水库、浙江泰顺抽水蓄能电站利用珊溪水库、贵州贵阳抽水蓄能电站利用红岩水库等。

多个水库的组合使用也进行了新的尝试。重庆菜籽坝抽水蓄能电站在山顶开挖筑坝形成上水库，下水库位于羊圈河河道，羊圈河临谷也有合适高差和地形，可以形成更低的下水库，进行过高中低三库组合接力的研究。

软岩地区进行大型地下洞室建设也有新的突破。湖北远安、长阳清江抽水蓄能电站，工程地下厂房洞室群地质条件复杂，岩体强度不高，总体属软岩类，岩层缓倾，具崩解及膨胀特性，存在洞室群的长期变形稳定问题，已超出现有工程经验范围，正在进行技术攻关。

在高地震烈度区域也规划不少抽水蓄能电站，内蒙古乌海、甘肃黄羊等抽水蓄能电站设计水平地震动峰值加速度不断创出新高。黄羊抽水蓄能电站上、下水库大坝取基准期 100 年超越概率 1%进行抗震复核，相应的基岩场地水平地震动峰值加速度已达到879gal、882gal。

10.3.3　工程建设管理与施工的技术问题

（1）工程料源差、土石方平衡难度大，库外料场环保及矿权管理存在协调问题。西北、北部地区大部分及东部、南部部分抽水蓄能电站地质条件较差，工程开挖料不满足混凝土骨料、大坝垫层料及土石坝大坝填筑料等料源要求，除工程开挖料不能充分利用造成土石平衡设计难度大、渣量较多外，须另行布置库外料场，环保及矿权管理等因素影响较大，部分项目相关手续办理难度较大影响工程推进。此外，对政策的理解差异，也在一定程度上加大了工程渣料综合利用和堆存方案论证难度，工程渣料堆存难仍有待破题。

（2）合理的勘察设计周期及建设工期需加强把控。近期部分项目推进较快，预可及可研阶段勘察设计工作时间受限，受同期开展项目较多影响有经验的设计人员紧张，勘

察设计工作深度及成果质量有下降趋势；同时存在筹建期、准备期和主体工程工期安排偏先进情况，工期存在不合理压缩情况，有必要加强前期策划，采取合理措施，把控勘察设计质量，加强现场施工组织管理，保证工程安全及质量。

（3）针对高寒、高海拔地区特点的施工方案创新研究和装备研发亟需提上日程。 考虑到配合部分新能源产业基地的开发，一些抽水蓄能电站站点选择在高寒高海拔地区开发，如青海玛沁抽水蓄能电站上水库坝顶高程为 3786m。 应针对高寒、高海拔地区施工特点，以少人化、机械化、智能化为原则，开展主体工程施工方法研究，充分考虑严寒、缺氧的实际情况，合理安排施工总进度计划。

10.3.4　环境保护与水土保持

根据抽水蓄能电站的不同类型，分类说明目前工程建设中环境保护和水土保持方面需进一步进行的技术研究。

（1）混合式抽水蓄能电站利用已建（在建）水库作为抽水蓄能电站的上水库和下水库，应考虑对原有水库的环境保护措施布局及生态调度的影响进行研究。 如叶巴滩混合式抽水蓄能电站上水库利用在建的叶巴滩水电站水库，下水库利用在建的拉哇水电站水库。 抽水蓄能电站下水库进出水口的布置可能对叶巴滩水电站待建集鱼设施的运行和拉哇水电站待建的下行过鱼设施的布置产生影响，在复核发电、抽水工况下下水库进出水口水流对过鱼影响的基础上研究相应的解决方案。

（2）龙羊峡大型储能工厂项目利用已建的龙羊峡水库作为上水库、已建的拉西瓦水库作为下水库。 但工程涉及黄河贵德段特有鱼类国家级水产种质资源保护区，工程运行对拉西瓦水库库尾河段水位日内变化相对增加，对黄河贵德段特有鱼类国家级水产种质资源保护区鱼类繁殖产生一定影响。 应加强储能工厂运行与常规电站运行对拉西瓦水库库区水文情势的影响及其对鱼类资源的影响评价，开展对黄河贵德段特有鱼类国家级水产种质资源保护区影响评价及保护措施研究。

（3）常规抽水蓄能电站

1）新建上下水库的抽水蓄能电站，主要考虑对于植被覆盖率较高地区，上下水库所占面积较大，会对植被特别是乔木的影响较大，应进一步研究对乔木的保护措施。

2）下水库利用已建水库的抽水蓄能电站，要考虑环境保护措施"以新带老"，以及生态流量泄放值及在线监测能否满足当前政策法规要求。

3）利用废弃矿坑作为上水库或下水库的抽水蓄能电站，要考虑蓄水后水体中重金属元素对水质和机组的影响研究，以及矿坑周边的生态修复。

4）对位于高寒、高海拔地区的抽水蓄能电站，由于高寒地区生态环境较脆弱，植被恢复难度较大，应重点考虑表土剥离及保护规划和水土保持生态修复的研究。

10.3.5　工程数字化智能化转型

虽然在抽水蓄能电站数字化智能化技术研发应用等方面作出了积极的探索，并取得了一定的成果，但抽水蓄能电站全生命周期工程数字化、智能化转型仍面临不少问题。

一是在工程建造过程中工程信息化数字化缺乏体系化规划。工程数字化建设多是零散计划、零散实施，工程建设与运行实施信息化数字化软件系统、硬件设施衔接存在不足，建设期与运行期的数据移交存在障碍。

二是 BIM 设计实用性方面缺少实用场景应用。业主高度重视工程建设期的三维设计，但 BIM 模型、数字孪生等在建设期、运行期的实用性有限，未能充分体现工程数字化的正面效益。

三是运行期智慧化建设经费落实较为困难。行业缺乏对抽水蓄能电站工程数字化智能化规划标准，因此缺乏智慧建造、智慧运维经费的统一规划安排。

因此，需加强工程数字化、智能化推广应用的顶层规划设计，统一认识、形成合力，逐渐规范相关技术研发与工程应用，引导和培育企业积极打造工程信息化数字化典型示范，依托行业整体实力和典型工程建设实践，形成适应于抽水蓄能行业的智能建造和智慧运营框架体系，从而推动行业数字化智能化高质量发展。

10.4　典型工程实践探索

10.4.1　江苏句容石砀山铜矿抽水蓄能电站

规划建设的句容石砀山铜矿抽水蓄能电站位于江苏省句容市境内，距镇江市、南京市直线距离分别约 25km、85km。电站装机容量 1200MW，额定水头 339m。枢纽工程主要建筑物由上水库、地下水库、输水系统、地下厂房及地面开关站等组成，电站距高比为 3.51。上水库位于下蜀镇六里村大深坑沟，坝址控制流域面积 0.73km²，坝型为钢筋混凝土面板堆石坝，最大坝高 63.5m。下水库在石砀山铜矿高程 −300～−271m 范围开挖地下巷道群形成储水洞库。地下输水系统及发电厂房布置在上、下水库之间岩体内。

10.4.2　辽宁大雅河抽水蓄能电站

在建的大雅河抽水蓄能电站位于辽宁省本溪市桓仁满族自治县境内，距本溪市、沈阳市直线距离分别约 106km、152km。电站装机容量 1600MW。枢纽工程主要由上水库、下水库、地下输水系统及发电厂房等组成。上水库位于大雅河左岸一撮毛山及其北

侧相邻次高峰之间的鞍部,东、西主坝为混凝土面板堆石坝,最大坝高52m;下水库利用在建的大雅河水库;地下厂房采用中部偏首部式布置,输水线路水平距离约1600m,距高比2.6。

10.4.3　河北滦平、隆化蓄能矿坑利用

在建的河北滦平抽水蓄能电站位于河北省承德市滦平县小营乡境内,距承德市、北京市直线距离分别约30km、170km。 枢纽工程主要包括上水库、下水库和地下输水发电系统等。 上水库位于平顶山哈叭沁西沟沟脑处,堆石坝最大坝高约109m;下水库位于上哈叭沁村西,利用矿坑成库。

已核准的河北隆化抽水蓄能电站位于河北省承德市隆化县韩麻营镇境内,距承德市、北京市直线距离分别约31km、189km。 电站装机容量2800MW,安装8台350MW可逆式水泵水轮发电机组,额定水头456m。 枢纽工程主要建筑物由上水库、下水库、地下输水发电系统等组成。 上水库位于韩麻营镇大顺子沟,坝址控制流域面积1.32km²,主坝采用混凝土面板堆石坝,最大坝高115m,副坝采用沥青混凝土心墙堆石坝,最大坝高50m。 下水库位于韩麻营镇龙王庙村,利用新村、大昌矿业正在开采的铁矿矿坑,集水面积18.1km²(含上水库);地下输水系统及发电厂房布置在上、下水库之间山体内,引水和尾水系统均采用四洞八机布置,地下厂房采用中部式布置,输水线路水平距离约2729m,距高比6.01。

10.4.4　两河口、叶巴滩混合式抽水蓄能电站

在建的两河口混合式抽水蓄能电站位于四川省甘孜藏族自治州雅江县境内,距离雅江县城、成都市公路里程分别约25km、536km。 电站装机容量1200MW。 上水库、下水库分别利用在建的两河口水电站和拟建的牙根一级水电站水库。 枢纽工程主要由输水系统、地下厂房及开关站等建筑物组成。

规划建设的叶巴滩混合式抽水蓄能电站位于四川省白玉县与西藏自治区贡觉县交界的金沙江上游叶巴滩水电站大坝右岸山体内。 电站装机容量4500MW。 枢纽工程主要由上水库、下水库、地下输水发电系统和地面开关站等建筑物组成。 上水库利用在建的叶巴滩水电站水库,正常蓄水位2889m;下水库利用在建的金沙江上游拉哇水电站水库,正常蓄水位2702m;在叶巴滩水电站右岸输水发电系统外侧建设抽水蓄能电站输水发电系统,新建输水线路长约7km,额定水头175m,距高比约40。

10.4.5　湖北远安抽水蓄能电站

已核准的远安抽水蓄能电站位于湖北省宜昌市远安县花林寺镇境内,距宜昌市、武

汉市直线距离分别约 45km、253km。电站装机容量 1200MW。枢纽工程主要包括上水库、下水库、输水系统、地下厂房等建筑物。上水库位于花林寺镇宝华河左岸敬家沟源头，大坝采用混凝土面板堆石坝，最大坝高约 110m；下水库位于宝华村宝华河中游河段，采用混凝土面板堆石坝，最大坝高约 81m。上、下水库进出水口水平距离约 2.5km，距高比 3.63。工程地下厂房洞室群地质条件复杂，岩体强度总体属软岩类，岩层缓倾，具崩解及膨胀特性，洞室群的长期变形稳定问题突出，是工程建设需要解决的关键技术问题。

10.4.6　内蒙古乌海抽水蓄能电站

乌海抽水蓄能电站位于内蒙古自治区乌海市海勃湾区境内，距乌海市直线距离约 8km，距呼和浩特市、包头市直线距离分别约 441km、283km，初选电站装机容量 1200MW。枢纽工程主要由上水库、下水库、输水系统、地下厂房系统、地面开关站等组成。上水库位于甘德尔山北段骆驼峰东侧宽缓平台上，大坝采用沥青混凝土面板堆石坝，最大坝高 45m；下水库位于白石头沟内，主、副坝均采用沥青混凝土面板堆石坝，最大坝高分别为 71m、40m。上、下水库均采用沥青混凝土全库盆防渗。

上、下水库大坝及电站进出水口等抗震设计标准按基准期 100 年超越概率 2% 设计，相应的基岩水平地震动峰值加速度采用 451.4gal；上、下水库大坝按基准期 100 年超越概率 1% 进行抗震校核，相应的基岩水平地震动峰值加速度采用 544.5gal。

乌海抽水蓄能电站交通洞和通风洞采用钻爆法结合小直径 TBM 掘进导洞再扩挖的施工方案，通风兼安全洞进洞口及起始洞段采用钻爆法，TBM 掘进路线自交通洞洞口始发，经地下厂房至通风兼安全洞开挖面驶出，TBM 掘进的导洞长度约 3000m，导洞打通后相应洞段再扩挖为设计断面。通风兼安全洞爆破 2022 年 7 月开挖，交通洞 TBM 掘进于 2022 年 12 月始发，TBM 施工月进尺 919m 和单日掘进 48m 为目前抽水蓄能电站中国小直径 TBM 施工最快纪录。

10.4.7　甘肃黄羊抽水蓄能电站

在建的黄羊抽水蓄能电站位于甘肃省武威市凉州区境内，距武威市、兰州市直线距离分别约 35km、196km。电站装机容量 1400MW，安装 4 台 350MW 立轴单级混流可逆式机组。枢纽工程主要由上水库、下水库、地下输水系统、发电厂房及地面开关站等建筑物组成。上水库位于黄羊河峡谷左岸大榆树沟近沟首处，水库采用全库盆防渗，沥青混凝土面板堆石坝最大坝高 101m；下水库位于黄羊河峡谷内，碾压混凝土重力坝最大坝高 71m。输水系统采用两洞四机、中部式地下厂房布置，上下水库进出水口水平距离约 2900m，距高比约 5.9。

上、下水库大坝及进出水口、下水库泄水放空建筑物抗震设防类别为甲类，抗震设计标准采用基准期 100 年超越概率 2%，相应的上、下水库基岩场地水平地震动峰值加速度为 724gal、726gal；上、下水库大坝抗震校核标准取基准期 100 年超越概率 1%，相应的基岩场地水平地震动峰值加速度为 879gal、882gal。

10.4.8　新疆布尔津抽水蓄能电站

规划建设的布尔津抽水蓄能电站位于新疆维吾尔自治区阿勒泰地区布尔津县境内，距阿勒泰市直线距离约 60km，距乌鲁木齐市直线距离约 450km。电站初选装机容量 1400MW（4×350MW），电站建成后供电新疆电网，主要服务于北疆区域电网及新能源消纳。枢纽工程主要由上水库、下水库、地下输水发电系统及地面开关站等建筑物组成。上、下水库分别位于阿吾肯沟右岸山顶山脊线东侧宽缓平台和阿吾肯沟右岸山前 3 条冲沟汇合处的缓坡地，均采用钢筋混凝土面板全库盆防渗，混凝土面板堆石坝高分别为 74m、62m；输水发电系统采用两洞四机、中部式地下厂房布置，输水线路总长约 2100m，水平长约 1800m，距高比约 2.9。

工程上、下水库极端最低气温推测分别约 -50℃、-46℃，超出已有沥青混凝土面板抗冻断极限最低气温经验值较多，沥青混凝土面板可能存在冬季抗裂问题；钢筋混凝土面板堆石坝在类似气候条件下已有多个工程成功运行经验，考虑混凝土面板对工程区气候条件适应性相对较好，最终推荐库周采用钢筋混凝土面板以及混凝土面板堆石坝。

10.4.9　甘肃张掖抽水蓄能电站

在建的张掖抽水蓄能电站位于甘肃省张掖市境内，距张掖市直线距离约 28km。电站装机容量 1400MW，建成后主要承担甘肃电力系统调峰、填谷、储能、调频、调相和紧急事故备用等任务。电站枢纽建筑物主要由上水库、下水库、地下输水发电系统及地面开关站等组成。上水库位于黑河左岸盘道山顶台地，下水库位于黑河出山口左岸戈壁滩上，上、下水库均为开挖填筑形成，采用沥青混凝土面板全库盆防渗，沥青混凝土面板堆石坝最大坝高分别为 39m、35m；输水发电系统水平长度约 2100m，额定水头 573m，距高比 3.66。

近场区发育 5 条晚更新世以来活动断裂，其中晚更新世活动的盘道山—大野口断裂、晚更新世—全新世活动的榆木山东缘断裂发育于场址区。近场区历史地震活动较强，场地主要受近场及外围强震影响。榆木山东缘活动断裂于尾水明渠穿过，横跨尾水明渠的榆木山东缘活动断裂一次错断破坏最大水平、垂直位错量分别达 4.0m、1.7m。尾水明渠过榆木山东缘活动断裂段采取"混凝土面板短分缝＋面板下卵石减震层＋两布

一膜防渗层"、缝内填充泡沫板及密封胶泥、缝间设置铜止水及波纹钢板的结构措施，对断裂突发位错采取抽水至上水库或下水库应急放空后进行修复的应对措施。

10.4.10 甘肃玉门抽水蓄能电站

在建的玉门抽水蓄能电站位于甘肃省酒泉地区玉门市昌马镇境内疏勒河干流右岸照壁山，电站靠近酒泉千万千瓦级风电基地，距最近的风电场约 15km，距玉门市、酒泉市、兰州市直线距离分别约 40km、150km、750km。电站装机容量 1200MW。枢纽工程主要建筑物由上水库、下水库、地下输水系统及地面发电厂房等组成。上水库位于疏勒河右岸照壁山山顶凹形平台上，主坝和副坝均为沥青混凝土面板堆石坝，最大坝高分别为 66m、12m；下水库位于照壁山北侧阴思道沟中段，主坝和三座副坝均为沥青混凝土面板堆石坝，最大坝高分别为 93m、17m、44m、20m；地面厂房布置于野马沟右岸，安装 4 台 300MW 单级混流式蓄能机组。输水系统水平距离长度约 3304m，水轮机额定水头 425m，距高比 7.8。

10.4.11 浙江天台抽水蓄能电站

在建的天台抽水蓄能电站位于浙江省天台县坦头镇、泳溪乡境内，与杭州市、宁波市直线距离分别约 150km、95km，下水库距离天台县公路里程 18km。电站装机容量 1700MW（4×425MW），额定水头 724m。枢纽工程主要建筑物由上水库、下水库、输水系统、地下厂房和开关站等组成。

天台抽水蓄能电站引水系统上平洞与下平洞之间高差 811.6m，立面采用上、下两级斜井布置，斜井角度为 58°，上、下斜井长度为 449.4m，含上、下弯段总长 483.4m，斜井长度为已建、在建中国最长，2022 年 5 月主体工程开工建设。引水系统斜井采用"定向钻机 + 反井钻机 + 人工扩挖"的施工方案，单级斜井开挖支护施工工期预计 10 个半月，目前定向钻机正掘进导孔。

10.4.12 浙江宁海抽水蓄能电站

在建的宁海抽水蓄能电站在排风竖井施工中率先应用 SBM 竖井掘进机（全断面竖井硬岩隧道掘进机）施工开挖，开挖直径 7.83m，主机段长 17m、重达 450t，具有安全可靠、自动化程度高、开挖速率快、一次成型等特点，首次实现井下无人、地面远程操控、开挖出渣支护同步施工、全断面掘进等功能，填补了中国国内竖井自动掘进的空白。开挖的排风竖井深度 198m，开挖过程中设备日有效进尺 2m、最高进尺 4.83m，与传统人工钻爆法相比，施工人员减少 50% 以上，掘进效率提高 2 倍以上，施工安全及可靠性提高，开挖速率大大加快。

10.4.13　山西垣曲二期抽水蓄能电站

在建的垣曲二期抽水蓄能电站为全国首个采用 TBM 掘进地质勘探平洞项目，勘探平洞长 1338.2m，自 2022 年 4 月始发，共穿越断裂带 43 次，超过 10m 断裂带 9 个，最长穿越 40m 的断层破碎带，历时 129 天完成掘进任务，单日最快掘进 31m。

10.4.14　河北抚宁抽水蓄能电站

在建的抚宁抽水蓄能电站开展的大断面（直径 9.53m）、超小转弯半径（90m）平洞 TBM 施工试点应用设备于 2021 年 10 月始发，其电站交通洞和通风洞采用 TBM 掘进，2022 年 5 月掘进至厂房，2022 年 10 月出洞，累计掘进 2228m，最大月度进尺 303m，单日最大进尺 21.2m。

11 装备制造技术

11.1　概述

抽水蓄能电站发展至今已有 100 多年历史。 日本、美国和西欧等国家或地区走在前列,设计制造的蓄能机组单机容量覆盖几万到几十万千瓦,建成一系列装有高水头、大容量、可变速机组的具有代表性的抽水蓄能电站。

中国抽水蓄能电站建设起步较晚,2003 年以前建设的大型抽水蓄能电站机组及成套设备被国外公司所垄断。 2003 年后,经过技术引进、消化吸收和自主创新等几个阶段,中国抽水蓄能电站装备制造核心技术发展实现了从"跟跑""并跑"到"领跑"的跨越式发展,核心技术和关键部件的设计、制造达到了国外同等水平,部分领域处于国际领先水平。

与此同时,中国抽水蓄能电站装备制造在以下几个方面仍存在一定挑战:一是大型可变速抽水蓄能机组及其配套控制保护设备的设计、制造尚存在短板,需进一步开展科技攻关;二是水泵水轮机运行水头范围向更高水头和更低水头两个方向扩展,水泵水轮机扬程水头比更大,转轮及相关部件的设计、加工制造能力、优质钢材的选用等需求进一步提高;三是大容量、高转速、适用于超高海拔条件的发电电动机及其配套开关设备工程应用经验较少,需要进一步开展研究和试验;四是输水发电系统尾水事故闸门试验、调试的项目、内容需制定标准。

11.2　主要技术进展

11.2.1　抽水蓄能机组

抽水蓄能机组的容量大小和参数水平高低是抽水蓄能电站设备研制技术水平的重要标志之一。

(1)2022 年度,在抽水蓄能机组设计制造方面,中国已经实现 800m 水头段、单机容量 40 万 kW 及以上的水泵水轮机水力研发;电站运行方面,已实现单机容量 40 万 kW、额定转速 500r/min、额定水头 653m 的广东阳江抽水蓄能电站以及额定水头超过 650m 的吉林敦化、浙江长龙山抽水蓄能电站的全面投产,三个项目机组参数水平均处于世界前列。 在建的浙江天台抽水蓄能电站额定水头 724m,位居世界第一,发电电动机在电动工况下容量达到 494.6MVA,额定电压 20kV,其电磁设计、通风系统、绝缘工艺、推力轴承、结构设计等技术难度均达到目前业内最高水平,机组总体设计制造难度世界领先。

(2)2022 年投产发电的福建永泰抽水蓄能电站 1 号机组从启动调试到进入考核试运

行仅用时 22 天，用时再创新纪录，实现了我国抽水蓄能技术的新突破；同时发电电动机采用定子对称四支路的集中布置绕组，属国内首次，相比传统接线方式负荷参数更为均衡、电磁性能更优。

（3）黑龙江荒沟蓄能电站首次采用"分数极路比"绕组技术，相比传统七支路型式，对称四支路结构具有线棒数量少、铁芯长度短、电磁参数好、材料利用率高等优点。

11.2.2　电气设备

（1）2022 年投产的抽水蓄能电站中，500kV 主变压器、550kV GIS 和 500kV 超高压 XLPE（交联聚乙烯绝缘）电力电缆均采用国产设备。 吉林敦化抽水蓄能电站采用 2 回 500kV 交联聚乙烯高压电缆连接地下与地面 GIS 设备，其中 1 回长度为 1546m，是中国最长的单根无中间接头 500kV 交联聚乙烯高压电缆，打破中国制造和敷设安装最长纪录。

（2）2022 年投产的抽水蓄能电站中，除浙江长龙山❶、广东阳江一期、广东梅州一期抽水蓄能电站的 SFC 采用南瑞继保电气有限公司的产品外，其余 7 座电站均采用西门子、ABB、GE 的产品。 广东阳江一期抽水蓄能电站采用的 SFC 电压等级最高、额定容量最大（24kV、26MW），长龙山一期抽水蓄能电站次之（24kV、23MW/21MW）。 南瑞继保电气有限公司从系统绝缘设计、转矩波动抑制、传感器工况适应性、并网时间优化等多个方面进行了技术攻关和首创设计。

（3）2022 年投产的抽水蓄能电站中，除广东梅州一期抽水蓄能电站的发电电动机电压设备采用西安西电开关电气有限公司的产品外，其余 9 座电站均采用瑞士 ABB 有限公司或日立有限公司的产品。 梅州一期抽水蓄能电站 4 号机组的发电电动机断路器、电气制动开关、换相隔离开关、启动开关、拖动开关，产品拥有自主知识产权，填补了中国空白，使中国成为少数该类高端设备生产国家之一，其综合技术性能达到国际同类产品的先进水平。

11.2.3　控制保护及通信

中国抽水蓄能电站控制保护及通信技术应用处于世界先进水平，大中型抽水蓄能电站监控系统、励磁系统和继电保护系统国产化占有率不断提高，基本取代了进口设备。

（1）2022 年，国内自主可控的可编程控制器（PLC）首次成功应用于安徽响水涧抽水蓄能电站监控系统改造工程。 具有自主知识产权的国产监控系统在长龙山、敦化、沂

---

❶　其中 1 台为国产、1 台为进口。

蒙、阳江一期、荒沟、梅州一期、丰宁、金寨、永泰等大型抽水蓄能电站得到推广应用，张河湾、西龙池、宝泉等抽水蓄能电站的进口监控系统成功进行了国产化改造。

（2）国产励磁系统在长龙山、沂蒙、阳江一期、荒沟、周宁、梅州一期、丰宁、金寨等抽水蓄能电站中得到推广应用。

（3）国产抽水蓄能机组继电保护成套设备在敦化、沂蒙、阳江一期、荒沟、周宁、梅州一期、丰宁、金寨、永泰等抽水蓄能电站得到推广应用。

（4）沂蒙抽水蓄能电站在中国首次实现全电站设置智能巡检系统。

11.2.4 金属结构

（1）高水头尾水事故闸门

高水头尾水事故闸门广泛采用高压闸阀式闸门，孔口尺寸和设计水头等设计参数不断提高。2022 年投产发电的广东梅州一期抽水蓄能电站尾水事故闸门孔口尺寸 6m×7m、水头 134.06m，浙江长龙山抽水蓄能电站尾水事故闸门孔口尺寸 3.6m×4.5m、水头208m。处于前期设计阶段的浙江文成抽水蓄能电站尾水事故闸门孔口尺寸 4.6m×5.8m、水头 210m，设计参数再创新高。

（2）高压钢岔管

输水系统高压钢岔管设计水头和 HD 值屡创新高。2022 年投产发电的浙江长龙山抽水蓄能电站高压钢岔管设计水头 1200m，HD 值达 4800m²，岔管主管直径 4.0m，支管直径 2.8m，公切球半径 2.3508m，分岔角 75°，采用牌号为 SX780CF 高强钢板，岔管板厚66mm。在建的浙江天台抽水蓄能电站高压岔管设计水头 1250m，HD 值达到 5000m²，岔管主管直径 4.0m，支管直径 2.8m，公切球半径 2.3536m，分岔角 75°，管壁采用1000MPa 级钢板，肋板采用 800MPa 级钢板。

（3）低水头抽水蓄能电站项目

伴随低水头抽水蓄能电站的发展，金属结构工程量占比越来越大。拦污栅、尾水事故闸门孔口尺寸不断加大，已进入可行性研究阶段的安康混合式抽水蓄能电站上水库进出水口拦污栅孔口尺寸达到 8.5m×16.2m，尾水事故闸门孔口尺寸达到 8.5m×11.0m。

（4）标准化设计

根据抽水蓄能电站金属结构设计特点，中国电建集团中南勘测设计研究院有限公司针对抽蓄输水发电系统相关拦污栅和闸门开展标准化设计，与水工专业协商确定流道系列参数，拟定闸门（拦污栅）标准化孔口尺寸以及标准化结构型式，并采用三维智能化设计手段，进一步提高了设计效率。

11.3 装备制造技术挑战

11.3.1 机组制造技术

（1）水泵水轮机

2022 年已核准项目中既包含九峰山、浪江等较高水头段抽水蓄能电站，也包含魏家冲、黑沟、潘口及两河口等较低水头段抽水蓄能电站。潘口项目最大扬程低于 100m，可行性研究拟定的转轮直径大于 6m，对于此类较低水头段大尺寸水泵水轮机转轮的设计及加工，还需从运行稳定性、结构的刚强度设计及材料选用等方面进一步研究。

（2）发电电动机

大容量、高转速发电电动机存在的制造难点为：一是通风冷却系统设计难度增加，需进行系统分析，提出合理的通风系统设计方案；二是机组轴系变长，需对水泵水轮机和发电电动机做整体结构优化，提升一阶临界转速，保证机组运行稳定性；三是为控制铁心长度且增加机组转动惯量，需适当增加发电电动机直径，发电电动机转动部分材料特性和结构强度设计难度加大；四是发电电动机双向转动，推力轴承设计需重点考虑，且高转速机组的油雾问题需采取专门措施应对；五是针对高原使用环境，发电电动机绝缘系统及通风系统需特殊研究并采取专门措施，如针对高海拔环境的防晕系统设计，以及高海拔对通风系统风量的影响。

11.3.2 电气工程技术

针对类似于四川道孚抽水蓄能电站的高海拔环境，由于空气稀薄，对发电电动机电压设备的影响主要有两点：一是空气密度降低导致电气设备外绝缘强度降低，需要对设备外绝缘进行优化设计以满足高海拔环境下对绝缘性能的严苛要求；二是空气密度降低导致散热能力降低，因此对设备散热性能有更严苛的要求。

西安西电开关电气有限公司正在进行抽水蓄能电站用发电电动机出口成套开关设备高海拔产品的研究，技术指标按照额定电压 24kV、海拔高度 4000m 进行设计，预计 2023 年下半年完成型式试验。

11.3.3 控制保护和通信技术

（1）中国在运的抽水蓄能电站励磁系统中晶闸管、控制芯片、灭磁开关等主要元器件均为进口设备，中国一直在进行自主可控技术攻关研究，上述主要元器件均为中国自主可控研制的励磁系统，分别于 2022 年 10 月、12 月在糯扎渡、小湾水电站励磁系统改造工程投入试运行；采用国产控制芯片龙芯的励磁系统于 2023 年 1 月在南方电网广州抽

水蓄能电站 7 号机组励磁系统改造工程投入试运行；科研项目"抽水蓄能机组静止变频器及励磁系统自主可控关键技术研究"于 2023 年 1 月立项，研制样机预计在 2024 年下半年推出。

（2）中国在运的抽水蓄能电站继电保护系统中装置芯片均为进口设备，首台芯片和嵌入式系统均为国产的国内自主可控研制抽蓄机组继电保护装置于 2022 年 4 月在广东惠州抽水蓄能电站 4 号机组挂网运行，性能指标满足国家相关技术标准要求。

（3）河北丰宁二期工程 2 台变速机组项目是中国首个应用变速综合技术的项目，2 台变速机组的继电保护系统均为进口设备，依托于科研项目"丰宁抽水蓄能电站变速机组保护系统关键技术研究及应用"的国产丰宁可变速抽水蓄能机组保护研制样机预计 2023 年年底完成调试。

11.3.4　金属结构技术

尾水事故闸门孔口尺寸、设计水头等设计参数屡创新高，启闭机容量不断加大，将给闸门、门槽、启闭机的制造带来一定难度。

11.4　典型工程实践探索

2022 年共投运了 10 座抽水蓄能电站，分别为长龙山、敦化、沂蒙、阳江一期、荒沟、周宁、梅州一期、丰宁、金寨、永泰等抽水蓄能电站，这些抽水蓄能电站在装备制造领域取得了长足进步。

11.4.1　机组制造

（1）典型工程 1：长龙山抽水蓄能电站

长龙山抽水蓄能电站位于浙江省安吉县天荒坪镇境内，装机容量 210 万 kW，安装 6 台单机容量为 350MW 的可逆式水泵水轮机/发电电动机组（额定转速：4 台 500r/min、2 台 600r/min），作为中国额定水头最高、世界额定水头第二高的在运抽水蓄能机组，由东方电机股份有限公司负责 4 台 500r/min 机组、上海福伊特水电设备有限公司负责 2 台 600r/min 机组的制造供货。长龙山抽水蓄能电站创造了可逆式机组 600r/min 下单机容量最大、单级抽蓄机组发电水头最高（756m）等多项世界第一；600r/min 机组独特的发电电动机一体式整锻转子中心体要求的屈服强度在现有最高水平材料基础上提高了100MPa，同时要求拥有极高的柔韧性指标，并具有必要的电磁性能。2022 年 6 月 30 日电站全部投产发电。长龙山抽水蓄能电站发电机层如图 11.1 所示。

（2）典型工程 2：阳江一期抽水蓄能电站

图 11.1　长龙山抽水蓄能电站发电机层

阳江一期抽水蓄能电站机组单机容量 400MW、额定转速 500r/min，是目前中国自主研制的单机容量最大、设计难度最高的机组，由哈尔滨电机厂有限责任公司制造供货。 厂家创新采用了超大容量、超高水头长短叶片水力稳定性的优化设计方法，提高了转轮的刚强度；机组运行稳定性能较好；发电电动机电压等级 20kV，在抽水蓄能行业位居世界第一；发电电动机定子线棒采用少胶 VPI 绝缘工艺、长度超 5m，创造了中国蓄能机组定子线棒的最长纪录；转子磁极采用双鸽尾结构，极大改善了挂接部位局部应力，为中国蓄能首次应用；转子磁轭通风沟采用锻件整体铣槽工艺，提高了转动部分整体性和安全性，为中国首次应用；机组轴系长达 18m，转子磁轭采用浮动式结构，改善转子受力状态，机组运行轴系稳定性好，振摆指标优秀；励磁绕组与阻尼绕组采用光纤测温技术，实现了转子温升的实时在线监测。 阳江一期抽水蓄能电站发电机层和转子吊装如图 11.2～图 11.4 所示。

图 11.2　阳江一期抽水蓄能电站发电机层 1

图 11.3 阳江一期抽水蓄能电站发电机层 2

图 11.4 阳江一期抽水蓄能电站转子吊装

（3）典型工程 3：荒沟抽水蓄能电站

荒沟抽水蓄能电站是中国纬度最高的抽水蓄能电站，安装 4 台单机容量 30 万 kW 的抽水蓄能机组，由哈尔滨电机厂有限责任公司制造供货。4 台机组在发电、抽水、调相等运行工况各部导轴承的运行摆度、振动均达到精品标准。转子使用的锻件磁轭段结构保证了发电电动机的稳定性。

荒沟项目首次采用"分数极路比"绕组技术，为后续工程 300MW、428.6r/min 的

发电电动机均采用 4 支路技术路线奠定了坚实基础。

11.4.2 水力机械

典型工程：金寨抽水蓄能电站

金寨抽水蓄能电站安装 4 台单机容量为 30 万 kW 的混流可逆式抽水蓄能机组。厂家（GE）通过水力开发和模型试验，先后进行数十次的转轮模型试验，最终优选出综合性能最优的 13 叶片和 22 导叶组合方案，为世界首次采用 13 叶片机组转轮。该方案各项性能指标优良，效率、压力脉动等关键技术指标优于合同保证值或同类机组，有效克服了同类机组振动大等缺陷，为 13 叶片抽水蓄能机组转轮水力开发设计提供了宝贵经验。

11.4.3 电气工程

典型工程：梅州一期抽水蓄能电站

发电电动机出口成套开关由发电电动机断路器、电气制动开关、换相隔离开关、启动开关、拖动开关、启动母线分段开关组成，是抽水蓄能电站的关键机电设备之一，具有额定电流大、开断短路电流直流分量高、低频需可开断、操作频繁等技术性能，对其电气机械性能、可靠性、使用寿命的要求非常高。同时研制开关还要满足地下厂房紧凑的安装布置条件和维护检修的空间需求，整体结构设计集成难度大，长期以来，抽水蓄能机组成套开关设备供应依靠进口，存在供货周期长、采购运维成本高、检修维护不便等诸多问题。为解决抽水蓄能电站重大装备的"卡脖子"问题，南方电网储能股份有限公司联合西安西开电气有限公司开展了"抽水蓄能机组成套开关设备关键技术研究及应用"科研攻关项目，并成功应用在梅州一期抽水蓄能电站中。该项产品的成功应用，增加了中国抽水蓄能装备的核心竞争力。

此外，国网新源控股有限公司已发布抽水蓄能电站 40 万 kW 级发电电动机真空断路器、制动断路器及成套在线监测系统、起动隔离开关及接地开关、换相隔离开关国产化研制技术服务招标公告。

11.4.4 控制保护和通信

（1）典型工程 1：安徽响水涧抽水蓄能电站

中国目前在运的抽蓄电站监控系统 PLC 的芯片均采用进口芯片，而国内自主可控的 N510 智能 PLC 采用国产龙芯处理器和 Loongnix/瑞盾操作系统研制，各模件均采用智能化模件设计，性能指标均满足国家相关技术标准要求。

安徽响水涧抽水蓄能电站采用基于自主可控 N510 智能 PLC 的 SJ－600 现地控制单元

（LCU）进行监控系统改造，2022 年 12 月 10 日，采用自主可控 N510 智能 PLC 的响水涧抽水蓄能电站 1 号机组 LCU 完成现场所有试验，投入商业运行，实现了自主可控 PLC 在大型抽水蓄能电站的首次工程试点应用。

（2）典型工程 2：山东沂蒙抽水蓄能电站

传统人工巡检方式存在劳动强度大、工作效率低、检测质量分散、手段单一、巡检数据不能形成动态描述、数据分析可行性差等问题，此前中国只有部分抽蓄电站仅在地下厂房少数区域设置简单的智能巡检系统进行试点，山东沂蒙抽水蓄能电站是中国首座全电站设置智能巡检系统以期取代人工巡检的大型抽水蓄能电站。

沂蒙抽水蓄能电站智能巡检系统由机器人系统、智能巡检摄像机系统、无人机巡检系统（上水库）等三大部分组成，已于 2023 年初投入试运行。

沂蒙抽水蓄能电站智能巡检系统主要从视频监控画面分析、红外温度测量、声音拾取、有害气体检测等多方面采集现场数据，采用视频结合图像智能分析的方式，利用深度学习、图像识别技术，对生产环境中的重要设备运行状态进行定期检查，对现场跑冒滴漏、超温、超压、趋势劣化等异常情况能实现自动报警。

沂蒙抽水蓄能电站智能巡检范围覆盖主厂房、母线洞、水车室、主变室、副厂房、地下廊道、500kV 开关站及继保楼、上水库等枢纽部位主要机电设备，可实现开关闸刀位置检测、电缆红外测温、泄漏电流检测、开关动作次数检测、SF_6 泄漏检测、压板状态检测、表计读数检测、跑冒滴漏检测、远程喊话等功能。

11.4.5　金属结构

典型工程：长龙山抽水蓄能电站

2022 年投产发电的长龙山抽水蓄能电站，是目前中国投产抽蓄中尾水事故闸门水头最高的。尾水事故闸门孔口尺寸 3.6m × 4.5m，设计水头 208m，总水压力 40840kN（含水锤压力）。闸门采用平面滑动闸门，面板布置在下游侧，顶水封和侧水封设于上游侧，利用部分水柱闭门。闸门水封设计采用了冲压式水封。闸门设两道顶、侧水封，主水封为可补偿磨损的充压式山型水封，闸门关闭后，引下水库水充压；第二道水封为实心 P 型水封。底止水为 I 型。水封型式采用高水头止水橡皮，滑道采用高强度钢基铜塑复合材料。

12 发展展望

12. 1   发展形势展望

（1）抽水蓄能项目管理将进一步加强

目前，抽水蓄能项目主要由省级能源主管部门管理。随着抽水蓄能项目的增多，省级层面开始研究本省抽水蓄能项目管理措施，2022 年，西藏自治区、青海省陆续出台《西藏自治区抽水蓄能项目建设管理暂行办法》《青海省抽水蓄能项目管理办法（暂行）》，对规范抽水蓄能项目，实现抽水蓄能全生命周期管理，推动抽水蓄能高质量发展具有重要作用。预计 2023 年，也将有其他省份出台包括抽水蓄能规划、前期、核准、开工、验收、改造退役、电网接入、电价形成、运营管理等项目全生命周期的管理制度，以指导本省抽水蓄能又好又快高质量发展。

（2）抽水蓄能发展将进一步坚持需求导向

《抽水蓄能中长期发展规划（2021—2035 年）》的印发为抽水蓄能的发展奠定了坚实的基础，明确了具体的目标。而电力系统需求是抽水蓄能发展的导向和边界，随着实现碳达峰碳中和、构建新型电力系统、建设新型能源体系等目标的提出，各省（自治区、直辖市）电力需求、电源发展等预测和规划成果发生了较大变化，电力系统对抽水蓄能的合理需求规模也随之发生变化，亟需开展抽水蓄能发展需求更新论证工作，引导抽水蓄能合理有序发展。

（3）新增项目纳规工作还需要进一步规范

抽水蓄能电站投资巨大，拉动投资、带动就业作用强，部分地方过于看重抽水蓄能促进地方经济发展的作用，急于提出大规模的新增纳规项目，远超地方合理需求规模，可能带来投资浪费等不利影响，亟需出台抽水蓄能项目新增纳规技术要求，进一步规范抽水蓄能项目纳规工作。

12. 2   技术发展展望

（1）工程选址在考虑电源侧、电网侧需求的同时，应充分考虑工程周边工程地形地质条件、水源条件，科学地处理好开发与环境保护的关系，保护脆弱的生态、避让环境敏感区域，减少对城市集镇、人口聚集区等影响，不占或少占基本农田、林地等。

（2）结合特有的工程地质问题进行针对性的勘察非常必要，保证合理的勘测周期、采用合适的勘察手段是充分认识其工程地质条件的前提，也是为电站的建设和运行提供最有力保障的前提条件。

（3）随着新型电力系统建设的需求，电网对可变速抽水蓄能机组调节作用的需求越

来越强，可变速抽水蓄能项目建设即将进入新阶段，国内厂家对于可变速机组研发需要持续加强，有必要依托首台套示范工程加紧推进研究与试验验证。

（4）大容量、高转速、适用于高海拔使用的发电电动机，对发电机绝缘系统及通风系统的设计提出新的挑战。此外，转速高、铁心长，机组轴系长，机组轴系的设计难度明显增加，需对水泵水轮机和发电电动机做整体结构优化，提升一阶临界转速，保证机组运行稳定性。站用成套开关设备高海拔产品也需向着额定电压 24kV，海拔高度 4000m 进行设计研发。

（5）抓紧调研梳理抽水蓄能电站各阶段的工程数字化智能化应用场景和业务需求，对接已有实践积累和技术进展，形成具有指导意义的工作清单和项目清单，针对抽水蓄能工程项目的特点，开展工程全生命周期信息化数字化总体规划、建设期智能化建造总体规划和运行期智慧化运营初步规划的编制与实施，加快完善能源产业链数字化相关技术标准体系，推进能源各领域数字孪生、建设运行智能化等技术标准制修订；同时推进打造多项目协同、智慧工程（含智慧工地）、数字孪生及数字移交、工程智慧中心、仿真培训中心等信息化数字化建设工作，持续推动建设期智能建造专项技术和运行期智慧运营专项技术试点应用，全方位服务抽蓄工程建设和运行全过程的降本增效、保质增值。

（6）在"双碳"目标和加快规划建设新型能源体系的战略指引下，抽水蓄能电站建设高速高质量发展必然要求绿色发展。抽水蓄能电站布置需要妥善解决生态保护红线、国家公园、各类自然保护地的区位关系，工程建设首先要避让环境敏感区，排除环境制约因素；一些工程与环境敏感区距离较近，需要强化环境保护措施。应加强山地生态系统的保护，加强环境保护和水土保持措施效果的有效性研究；考虑与周边环境的协调性，通过生态修复和景观打造，实现电站与环境的和谐发展，践行"绿水青山就是金山银山"理念。与常规水电结合的混合式抽水蓄能电站，未来需要高度重视生态环境累积影响，其调峰运行带来的生态影响和累积影响，以及对江河既有生态环境保护措施的影响，需要加强适应性生态环境管理。

附　表

附表　　　　　　　　行　业　政　策　文　件

序号	类别	发文单位	文　件　名	文　　号
1	行业发展	国务院	关于创新重点领域投融资机制鼓励社会投资的指导意见	国发〔2014〕60 号
2		国家能源局	关于加强水电建设管理的通知	国能新能〔2011〕156 号
3		国家能源局	关于促进水电健康有序发展有关要求的通知	国能新能〔2013〕155 号
4		国家发展和改革委员会	关于促进抽水蓄能电站健康有序发展有关问题的意见	发改能源〔2014〕2482 号
5		国家能源局综合司	关于落实抽水蓄能电站选点规划进一步做好抽水蓄能电站规划建设工作的通知	国能综新能〔2014〕699 号
6		国家能源局	关于鼓励社会资本投资水电站的指导意见	国能新能〔2015〕8 号
7		国家能源局	关于印发抽水蓄能电站选点规划技术依据的通知	国能新能〔2017〕60 号
8		国家能源局	关于发布海水抽水蓄能电站资源普查成果的通知	国能新能〔2017〕68 号
9		国家能源局	关于印发《抽水蓄能中长期发展规划（2021—2035）》的通知	
10		国家能源局综合司	关于进一步做好抽水蓄能规划建设工作有关事项的通知	国能综通新能〔2023〕47 号
11	前期工作	国家能源局	关于做好水电建设前期工作有关要求的通知	国能新能〔2012〕77 号
12		国家能源局	关于印发水电工程勘察设计管理办法和水电工程设计变更管理办法的通知	国能新能〔2011〕361 号
13	项目建设	国家能源局	关于进一步做好抽水蓄能电站建设的通知	国能新能〔2011〕242 号
14		国家能源局	关于印发水电工程质量监督管理规定和水电工程安全鉴定管理办法的通知	国能新能〔2013〕104 号
15		国家能源局	关于印发《水电工程验收管理办法》（2015 年修订版）的通知	国能新能〔2015〕426 号
16	运行管理	国家能源局	关于印发抽水蓄能电站调度运行导则的通知	国能新能〔2013〕318 号
17		国家能源局	关于加强抽水蓄能电站运行管理工作的通知	国能新能〔2013〕243 号

序号	类别	发文单位	文　件　名	文　　号
18	价格政策	国家发展和改革委员会	关于完善抽水蓄能电站价格形成机制有关问题的通知	发改价格〔2014〕1763号
19		国家发展和改革委员会	关于完善水电上网电价形成机制的通知	发改价格〔2014〕61号
20		国家发展和改革委员会	关于进一步完善抽水蓄能价格形成机制的意见	发改价格〔2021〕633号
21		国家发展和改革委员会办公厅	关于开展抽水蓄能定价成本监审工作的通知	发改办价格〔2022〕130号
22		国家发展和改革委员会	关于抽水蓄能电站容量电价及有关事项的通知	发改价格〔2023〕533号
23	生态环境	生态环境部	关于进一步加强水电建设环境保护工作的通知	环办〔2012〕4号
24		生态环境部	关于深化落实水电开发生态环境保护措施的通知	环发〔2014〕65号
25		国家能源局综合司	关于在抽水蓄能电站规划建设中落实生态环保有关要求的通知	国能综发新能〔2017〕3号

抽水蓄能行业
重点企业

倾力研制精品抽水蓄能
机组 为绿水青山镶嵌
"皇冠上的明珠"

DEC 东方电气

东方电气集团东方电机有限公司
DONGFANG ELECTRIC MACHINERY CO., LTD.

敦化抽水蓄能电站

东方电气集团东方电机有限公司（以下简称"东方电机"）作为重要的抽水蓄能机组设备供应商之一，近年来大力发展抽水蓄能产业，在技术研发、市场开拓、产能提升、项目履约、安装调试等方面取得了优良的成绩。

东方电机从响洪甸、惠州等项目参与研发制造，到仙游、仙居等项目自主研制，正式打开了抽水蓄能机组国产化的序幕；再到深圳、绩溪、敦化等抽水蓄能电站的机组制造，实现了高水平抽水蓄能核心技术的自立自强；沂蒙抽水蓄能电站和额定水头 700m+ 的长龙山等抽水蓄能电站在与国际同行同台竞技中胜出，核心技术达到国际先进水平。

东方电机依托绩溪、敦化、长龙山等抽水蓄能项目，构建了具有自主知识产权的"优质抽水蓄能"核心技术体系，成功掌握了水轮机工况"S"区技术优化、无叶区压力脉动控制、水泵工况空化性能优化等技术，过渡过程分析计算、水泵水轮机顶盖高刚性低应力错频设计、全水头段进水球阀刚性设计和密封设计系统技术，电动发电机低损耗喷淋轴承、磁极内外分区冷却等核心技术，大幅提升了抽水蓄能机组的稳定性、安全性和可靠性，整体达到行业先进水平，部分关键技术达到国际领先水平，树立了行业新标杆。东方电机还持续推动抽水蓄能产品型号全覆盖，设计研发了 200~800m 水头段、40~375MW 容量等级、150~500r/min 转速范围的各类抽水蓄能机型，产品型号多样性行业领先。

按照碳达峰碳中和的总体目标，抽水蓄能机组的装机容量将超过 2 亿 kW，东方电机将抓住机遇，以优异的成绩为碳达峰碳中和目标的落地实施贡献力量。

抽水蓄能业绩

DEC 东方电气 东方电气集团东方电机有限公司
DONGFANG ELECTRIC MACHINERY CO., LTD.

1 安徽响洪甸
最高扬程：64 m
单机容量：41 MW
东电供货：2台整机

2 广东惠州
最高扬程：564 m
单机容量：300 MW
东电供货：1台整机

3 湖北白莲河
最高扬程：222 m
单机容量：300 MW
东电供货：1台电机

4 湖南黑麋峰
最高扬程：338 m
单机容量：300 MW
东电供货：4台整机

5 福建仙游
最高扬程：479 m
单机容量：300 MW
东电供货：4台整机

6 浙江仙居
最高扬程：503 m
单机容量：375 MW
东电供货：4台电机

7 内蒙古呼和浩特
最高扬程：590 m
单机容量：300 MW
东电供货：4台整机

8 广东深圳
最高扬程：473 m
单机容量：300 MW
东电供货：4台水机

9 安徽绩溪
最高扬程：651 m
单机容量：300 MW
东电供货：6台整机

10 吉林敦化
最高扬程：712 m
单机容量：350 MW
东电供货：2台整机

11 浙江长龙山
最高扬程：764 m
单机容量：350 MW
东电供货：4台整机

12 山东沂蒙
最高扬程：416 m
单机容量：300 MW
东电供货：4台整机

13 河北丰宁二期
最高扬程：470 m
单机容量：300 MW
东电供货：4台整机

14 福建永泰
最高扬程：460.53 m
单机容量：300 MW
东电供货：4台整机

15 重庆蟠龙
最高扬程：473.61 m
单机容量：300 MW
东电供货：4台整机

16 新疆阜康
最高扬程：528 m
单机容量：300 MW
东电供货：4台整机

17 广东梅州
最高扬程：438.25 m
单机容量：300 MW
东电供货：4台整机

18 河南洛宁
最高扬程：638.66 m
单机容量：350 MW
东电供货：4台整机

19 湖南平江
最高扬程：675 m
单机容量：300 MW
东电供货：4台整机

20 河南五岳
最高扬程：269.62 m
单机容量：250 MW
东电供货：4台整机

21 内蒙古芝瑞
最高扬程：497.37 m
单机容量：300 MW
东电供货：4台整机

22 浙江磐安
最高扬程：462 m
单机容量：300 MW
东电供货：4台整机

23 新疆哈密
最高扬程：515 m
单机容量：300 MW
东电供货：4台整机

24 安徽桐城
最高扬程：390 m
单机容量：300 MW
东电供货：4台整机

蓝色表示投运业绩　　灰色表示正在执行项目

2022 年 3 月 2 日，东方电机为长龙山抽水蓄能电站研制的 4 台机组成功商运，该机组的成功研制，树立了抽水蓄能行业标杆。

2022 年 3 月 29 日，东方电机为沂蒙抽水蓄能电站研制的 4 台机组比国家核准工期提前一年全部投入商业运行。图为沂蒙抽水蓄能机组球阀研制试验。

2022 年 6 月 7 日，东方电机梅州抽水蓄能项目圆满收官，为粤港澳大湾区供电服务再添超级"充电宝"。

2023 年 3 月 28 日，东方电机自主研制供货的福建永泰抽水蓄能电站实现全容量投产，为东南沿海新能源大规模开发利用提供了超级"充电宝"。

2023 年 4 月 1 日，东方电机自主研制供货的丰宁抽水蓄能电站二期工程 4 台抽水蓄能机组全部投产发电，各项性能指标优良。

2023 年 4 月 4 日，东方电机自主研制的新疆阜康抽水蓄能电站首台机组转子顺利吊装，首台机组按期投产发电奠定坚实基础。

中国水利水电第一工程局有限公司
SOCOL CORPORATION LIMITED

中国水利水电第一工程局有限公司（以下简称"水电一局"），隶属于世界500强企业——中国电力建设集团有限公司，始建于1958年，主要从事国内外能源电力、基础设施和水资源与环境的投资、建设与运营。公司总部位于吉林省长春市，是中央驻东北地区大型骨干建筑企业，企业注册资本金15亿元，资产规模100亿元，是国家认定的高新技术企业，被评为第六届"全国文明单位"。

抽水蓄能业务是水电一局的传统优势、核心主业。当前，围绕国家碳达峰碳中和目标，水电一局紧跟中国电建步伐，近30年来参与建设了全国26座抽水蓄能电站，树立了抽水蓄能领域"干得早、建得多、做得好"的水电一局品牌，为中国抽水蓄能行业的健康发展贡献了智慧与力量。

"干得早"：20世纪90年代初，在国家开工建设的18座电站中，水电一局参与了16座电站的建设任务，以北京十三陵抽水蓄能电站建设为起点，领航进军抽水蓄能电站市场，先后参建了浙江天荒坪、山东泰安、河南宝泉、福建仙游等多座大型抽水蓄能电站，更是参建了12个省份的第一座抽水蓄能电站，在中国抽水蓄能电站建设史上书写了多个"第一"。

"建得多"：水电一局深耕抽水蓄能业务30年，截至2022年3月，全国投运抽水蓄能电站40座，水电一局参建了21座，其中完成了15座电站的主体工程建设。水电一局建设的抽水蓄能电站输水系统总长度32000m，斜（竖）井长度8700m，印证了水电一局人在抽水蓄能电站施工领域的卓越匠心。

"做得好"：水电一局在抽水蓄能领域持续打造"高、难、尖、新、特"品牌，参建的抽水蓄能电站获国家优质工程奖6项，其中，山东泰安抽水蓄能电站是中国第一座荣获中国建设工程鲁班奖的抽水蓄能电站。水电一局在抽水蓄能电站建设中不断进行科技创新，拥有国家级工法3项、国家级技术规范3项、国家级科技专著4项，诠释了水电一局在抽水蓄能电站建设上的高端建树和品质内涵。水电一局长期承担国网新源控股有限公司投建的北京十三陵、安徽琅琊山、河南宝泉和辽宁蒲石河等抽水蓄能电站机组

山东泰安抽水蓄能电站——中国第一座荣获中国建设工程鲁班奖的抽水蓄能电站

检修维护工作，其中承担北京十三陵抽水蓄能电站运营检修维护工作至今已达24年，拥有从事电力、水利机械设备运营检修维护工作的专业技术人员600余人。

资质

数据来源：吉林省电子证照库

工程质量奖

山东泰安抽水蓄能电站工程——中国建设工程鲁班奖

福建仙游抽水蓄能电站工程——2014—2015年度国家优质工程金质奖

深圳抽水蓄能电站工程——2020—2021年度第一批国家优质工程奖

安徽琅琊山抽水蓄能电站工程——2011—2012年度国家优质工程奖

湖北白莲河抽水蓄能电站工程——2012—2013年度国家优质工程奖

浙江桐柏抽水蓄能电站——2008年度国家优质工程银质奖

科技进步奖

大型抽水蓄能电站施工关键技术——2015年水力发电科学技术奖一等奖

天荒坪抽水蓄能电站关键技术研究及实践——2008年浙江省科学技术奖一等奖

连续拉伸式液压千斤顶－钢绞线斜井滑模系统——2005年中国电力科学技术奖三等奖

中国水利水电第六工程局有限公司（以下简称"水电六局"）抽水蓄能电站业务发展历程：

一、初露锋芒

在北京市西北郊的蟒山深处，从荒凉的山坳到巍峨的大坝耸立；从危石嶙峋的地下洞室到明亮辉煌的"宫殿式"厂房，十三陵抽水蓄能电站被喻为"首都电网最后一根火柴"，水电六局克服复杂地质引发的重重阻力按期完成发电投产，多次为重大国际、国内活动保驾护航，有效解决了华北地区严重拉闸限电问题，成为稳定电网的调节器。

水电六局

二、精益求精

地下洞室群建设施工管理：水电六局先后承建了 20 余座大型复杂地下洞室群，具有丰富全面的施工与管理经验。

抽水蓄能电站上、下库全过程数字化管控：水电六局研发了抽水蓄能电站上、下库全过程数字化管控平台，实现了抽水蓄能电站开挖、碾压、加水等施工全过程数字化管理。已研发无人机倾斜摄影技术，采用多翼专用无人机，配置 RTK 专业激光镜头，应用倾斜摄影技术，完成了电站三维建模，实现了开挖量回填量自动计算，高程点自动提取，自动计算距离、面积，大大提高了现场测量工作效率。

基于 5G+AI+IoT+ 大数据的大坝数字化平台：基于数字孪生技术的上水库大坝无人碾压平台。通过智能摊铺及智能碾压系统，实现摊铺与碾压过程实时监控、摊铺厚度与碾压遍数可视化、厚度异常报警、压实度实时反馈等质量管理目标，确保摊铺、碾压质量达到要求，同时利用 AI、IoT、云计算及大数据等数字技术，对大坝施工进行动态管控。

大型抽水蓄能电站水泵水轮发电机组及附属系统数字化智能安装技术：基于 BIM 技术构建抽水蓄能电站水轮发电机组、水力机械辅助系统、电气设备与电缆敷设等全要素的信息模型库，研发了管路安装、电缆敷设、机组动平衡调整等多项三维预安装技术，实现设备管路快速、精准安装以及自动预警、自动提醒、自动报警，提升机组数字化安装水平，大大提升现场工作效率，为建造方案优化和高效精准安装提供了技术支撑。

基于大数据技术的 TBM 智能辅助决策系统：小断面小转弯半径 TBM 技术、正井法竖井 TBM 技术、大断面平洞 TBM 技术均在实践中应用，斜井 TBM 已在洛宁电站斜井施工中成功掘进，该技术创下了国内施工的新纪录。

全面迈进智能化、数字化、机械化：实现抽水蓄能电站群自动化管理、数字化采集、智能化建造，其综合效益更大，挑战性和创新性更高，全面智能化数字化机械化转型升级彰显了水电六局的央企担当。

三、砥柱中流

2022 年 4 月 25 日，国家能源局推动中国水力发电工程学会成立抽水蓄能行业分会，水电六局担任行业分会工程建设组组长单位，凸显了水电六局在行业的领军地位，引领行业施工企业发展。

依托众多抽水蓄能电站及地下工程项目，水电六局获得 7 项世界领先技术认定、14 项国际先进技术认定，拥有 8 项发明专利、92 项实用新型专利、6 项国家级工法、163 项省部级工法、31 项软件著作权，荣获全国科技大会奖、国家科学技术进步奖、国家优质工程金奖、中国水利工程优质（大禹）奖、中国土木工程詹天佑奖、中国建设工程鲁班奖及省部级奖 150 余项，多项专业领域技术水平世界领先。

四、开拓进取

项目开发：在"双碳"目标背景下，需要安全稳定的储能设施支持新能源发展，抽水蓄能电站作为电网的"调节器"和"稳定器"，是目前最为成熟的大规模储能技术。水电六局作为抽水蓄能行业领军企业，与时俱进、开拓进取，先后取得 6 座抽水蓄能电站的主导开发权、11 座抽水蓄能电站的参股开发权，总装机规模 2108 万 kW，广泛分布于全国 10 个省份，建设时序覆盖"十四五""十五五""十六五"三个五年计划，在发达地区、负荷中心储备一批优质站点适时开发。抽水蓄能既是水电六局的核心业务，又是水电六局持续发展的"助推器"，为水电六局发展提供源源不断的内生动力。

未雨绸缪，积极布局：在抽水蓄能建设高潮下，水电六局提前组建"运维检"一体化团队，锚定未来运营期业务，依托国内敦化、荒沟抽水蓄能电站以及国际吉布洛水电站等运营期业务，培养了一批高、精、尖人才，提前统筹布局国内、国际抽水蓄能电站运营期业务，计划组建抽水蓄能运营管理专业化分公司，将运营业务发展成为水电六局新的增长极。

五、合作共赢

水电六局自承建北京十三陵抽水蓄能电站开始，30 多年来持续与众多单位合作共同建设了多座抽水蓄能电站，坚持"诚实守诺、变革创新、科技领先、合作共赢"的经营理念，不忘初心、牢记使命，努力创造价值、回馈社会，为实现中华民族伟大复兴展现新时代央企担当。

福建省水利水电勘测设计研究院有限公司（水利部福建水利水电勘测设计研究院，以下简称"福建水电院"）创建于1958年5月，是全国文明单位、全国百强勘察设计单位（1992年度）、福建省建筑业龙头企业，拥有工程设计、工程测绘、工程勘察、工程咨询、工程检测等十多项甲级资质。曾先后获评"国家高新技术企业""国家知识产权优势企业""福建省守合同重信用企业"，荣获国家科技进步一等奖、国家发明二等奖、中国水利工程优质（大禹）奖，以及国家及省部级科技进步奖、优秀勘察设计咨询奖480余项，拥有国家专利108项。

六十五年励精图治，福建水电院蕴育了"团结、开拓、求实、奉献"的企业精神，培育了一支善于攻坚克难的专业团队。现有职工741人，其中教授级高工44人、高工232人，各类注册工程师352人次，先后有1人获评全国工程勘察设计大师，2人获评福建省工程勘察设计大师，8人享受政府特殊津贴。

福建水电院先后承担了福建省海上风电规划，福建省抽水蓄能选点规划，福建省闽江、九龙江、敖江流域综合规划，福建省水网建设规划，福建省水功能区划等规划类工作，参与了福建省仙游抽水蓄能电站全阶段勘察设计工作，承担了福建省仙游木兰抽水蓄能电站、南安抽水蓄能电站、古田溪混合式抽水蓄能电站等勘察设计工作。

从中国第一座碾压混凝土重力坝到全国首个安全生态水系治理技术导则、全国首部河湖健康评估蓝皮书、全国首个并网发电"双40"深远海海上风电场、全国首创省级防汛指挥图、福建省首个海上风电场、福建省首个潮汐能电站，福建水电院持续不断地创新、开拓。在多年积淀的坝工、地下厂房、长距离引调水、海上风电、潮汐能等技术特色基础上，致力于打造新能源、水生态、数字水利等技术品牌，正在推进"抽水蓄能电站数字化"、打造"福建水利大数据底板"，为工程数字化提供基础支撑。

福建水电院始终坚持"质量立院、科技强院、人才兴院、改革活院"发展战略，经过多年的规划和实施，业务范围涉及福建、浙江、江西、广西、四川、安徽、云南等省份及东南亚地区，完成"四横四纵"（"四横"即水利水电、新能源、生态环境、市政建筑，"四纵"即勘测设计、全过程咨询、总承包、信息化）业务布局，实现业务转型与战略升级，成长为工程全过程咨询服务供应商，为政府和项目建设单位提供项目全生命周期服务。

福建仙游抽水蓄能电站（国家优质工程金质奖）

- 位于福建省莆田市仙游县境内
- 总装机容量为 1200MW
- 福建省首个大型抽水蓄能电站

福建仙游木兰抽水蓄能电站

- 位于福建省莆田市仙游县境内
- 总装机容量为 1400MW
- 福建省"十四五"重点实施项目，仙游县第二座大型抽水蓄能电站

福建南安抽水蓄能电站

- 位于福建省泉州市南安市境内
- 总装机容量为 1200MW
- 福建省"十五五"重点实施项目，大型抽水蓄能电站

福建古田溪混合式抽水蓄能电站

- 位于福建省宁德市古田县境内
- 总装机容量为 250MW
- 福建省"十四五"重点实施项目，福建省首个混合式抽水蓄能电站

福建漳浦绿岭农业科技大棚光伏电站一期、二期工程（总装机规模 80MW）

长乐外海海上风电场——全国首个并网发电"双 40"深远海海上风电场

福建平潭综合智慧能源示范项目远期规划建设成为一座制冷能力 4.5 万 kW、制热能力 1.2 万 kW 的能源站

中铁十四局集团有限公司
CHINA RAILWAY 14TH BUREAU GROUP CORPORATION LIMITED

公 司 简 介

中铁十四局集团有限公司（以下简称"中铁十四局"）前身是中国人民解放军铁道兵第四师，组建于1948年，隶属中国铁建股份有限公司，是国务院国有资产监督管理委员会管理的大型建筑企业，是国内领先的工程承包商、城市运营商、产业投资商。经营业务遍布国内及海外30多个国家和地区，业务覆盖规划设计咨询、投资运营、工程承包、工业制造、城市综合开发、智慧物流、装备制造、运营维管等产业，具有投建营全产业链服务能力。公司注册资本金31.1亿元，资产总额850亿元，累计获国家科技进步奖4项、国家技术发明奖1项、国家优质工程金质奖10项、中国建设工程鲁班奖31项、中国土木工程詹天佑奖18项、国家优质工程奖54项，获得国家专利1383项、国家级工法13项、省部级工法193项。

中铁十四局始终坚持创新引领，推进转型升级，不断围绕主业拓展细分领域，培育了大盾构、建筑工业化、试验检测、房地产、机电四电等特色板块，拓展了片区开发、产业投资、流域及生态治理、尾矿治理、新城建、城市更新、地下空间开发七个业态，重点布局了智慧物流、乡村振

兴和现代农业、新能源、绿色节能、新材料、装备制造、产业园区、尾矿治理和矿山开发、工程病害治理、数字科技十大产业链，建设了一大批站在产业前沿、具有国际先进水平、代表未来发展方向的标志性工程。截至目前，中铁十四局已参与10座抽水蓄能电站建设，在国家《抽水蓄能中长期发展规划（2021—2035年）》发布以来，中铁十四局践行国家战略，在吉林、陕西、甘肃等地签订了10座抽水蓄能电站的投资开发协议，项目前期工作正在有序推进。

部 分 业 绩

01/ 泰安抽水蓄能电站

山东省内建成的首个抽水蓄能电站

山东泰安抽水蓄能电站为国家"十五"重点工程，是山东省内建成的首个抽水蓄能电站，荣获2009年度中国建设工程鲁班奖。该电站为日调节纯抽水蓄能电站，主要担负山东电网的调峰、填谷任务，兼有调频、调相及事故备用等功能。该项目的建设在改变山东电网结构、确保电网安全运行等方面将发挥重要的调节作用。

02/ 文登抽水蓄能电站

山东省内装机容量最大的抽水蓄能电站

山东文登抽水蓄能电站是山东省内目前装机容量最大的抽水蓄能电站，也是中国首次采用TBM工法施工的抽水蓄能电站工程。建成后，该电站将联合泰安抽水蓄能电站及其他调峰电源，共同解决山东电网调峰能力不足的问题，进一步改善电网的供电质量，提高电网经济运行效益，对山东省电网调峰调频、安全稳定运行以及风电、核电等新能源发展具有重要意义。

03/ 浑源抽水蓄能电站

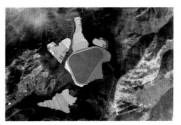

山西浑源抽水蓄能电站装机容量为150万kW，额定发电水头649m，是国家"十四五"规划重点抽水蓄能电站工程之一。中铁十四局承担上下水库工程、部分输水系统、金属结构安装等工程施工任务。电站建成后，在山西电网系统中承担调峰、填谷、调频、调相、事故备用等任务。

04/ 潍坊抽水蓄能电站

山东省新旧动能转换重大项目之一

山东潍坊抽水蓄能电站装机容量为120万kW，是山东省第4座蓄能电站，也是山东省新旧动能转换重大项目之一。建成后将接入山东电网，承担调峰、填谷、调频、调相及紧急事故备用等任务，可有效缓解山东电网调峰能力不足的问题，有力支撑山东省新能源发展，显著提高山东电网运行的安全性、稳定性和经济性。

核心优势

TBM工法引入抽水蓄能电站工程建设领域

敏捷灵活、安全可靠、功能强大

"文登号"TBM为硬岩隧道掘进机，直径为3.53m，总重约250t，机身总长只有37m，比常规TBM缩小了80%，30m的转弯半径，比常规TBM减少了90%。身形敏捷的"文登号"可以在狭小洞室空间内完成组装、始发、掘进、转弯、到达、拆机等作业。TBM工法首次被引入抽水蓄能电站工程建设领域。

"文登号"TBM的升级版——"洛宁号"TBM

"洛宁号"TBM整机长度为39m，直径为3.5m，是一台紧凑型超小转弯半径硬岩掘进机，具有高效破岩、高机动性、高强度、掘进速度快、安全性好、强耐磨保护等特点。与硬岩掘进机"文登号"TBM相比，"洛宁号"TBM不仅传承了"文登号"TBM的特点，更克服了其在应用中遇到的难点，是其升级版本。

投入完整的机械化配套工装

近年来，中铁十四局不断提升施工的机械化、工厂化和信息化水平，依托核心智能装备，推进智能生产，实现智能建造。特别是在山岭隧道施工领域，中铁十四局探索投入了完整的机械化配套工装，并对架子队管理模式进行了重塑再造，目前已经形成了有效的战斗力，为一次次洞穿隧道汇聚力量。

三臂凿岩台车

三臂拱架台车

喷淋养护台车

混凝土湿喷机械手

中国电建集团华东勘测设计研究院有限公司
HUADONG ENGINEERING CORPORATION LIMITED

天荒坪抽水蓄能电站

中国电建集团华东勘测设计研究院有限公司（以下简称"华东院"）于 1954 年建院，是中国电力建设集团有限公司的特级企业，名列中国勘察设计综合实力百强单位（排名第 7 位）、中国工程设计企业 60 强（排名第 8 位）、中国承包商 80 强（排名第 29 位）、中国监理行业十大品牌企业。华东院是国家高新技术企业、国家级工业化与信息化"两化"深度融合示范单位、中国对外承包工程业务新签合同额百强企业、住房和城乡建设部首批全过程工程咨询试点企业、全国实施卓越绩效模式先进企业、电力行业首批卓越绩效标杆 AAAAA 企业、浙江省工程总承包试点企业、浙江省"一带一路"建设示范企业和浙江省规模最大的勘测设计研究单位。

抽水蓄能电站勘测设计是华东院重要的传统业务。经过 40 多年的实践，华东院在抽水蓄能的选点规划、勘测设计、工程建设管理方面已经形成了一整套成熟的技术和管理体系，在抽水蓄能电站特有的水库防渗、复杂地质条件下的成库与筑坝方式、高压水道设计等方面掌握了核心技术。在抽水蓄能领域共获得国家级、省部级奖项 80 余项，授权专利 70 余项，主编行业技术标准 10 余项，出版专著 7 部。科研成果"我国大型抽水蓄能电站建设关键技术研究与实践"获得了水力发电科学技术奖特等奖。首次成功开发数字化抽水蓄能电站，使数字化、全生命周期管理成为行业标准。已建、在建抽水蓄能项目 35 个，总装机容量超 4800 万 kW。

典型工程业绩

✦ 天荒坪抽水蓄能电站

20 世纪 90 年代，华东院主持设计建成了当时装机容量亚洲第一、世界第三的天荒坪抽水蓄能电站，建成后，年发电量达 31.6 亿 kW·h，年抽水用电量 42.86 亿 kW·h，解决了当时华东电网装机容量不足、高峰期严重缺电的问题。多年来电站持续发力，多次圆满完成 G20 峰会等国家重要保电、抗台风、抗旱任务。值得一提的是，电站充分融合当地丰富的自然资源，先后开发了温泉、滑雪、观景台等旅游景点，打造出"江南天池"的美丽名片，实现了人与自然和谐发展的美丽愿景。

✦ 长龙山抽水蓄能电站

2022 年 6 月，位于浙江安吉的长龙山抽水蓄能电站全部机组投产发电，总装机容量 210 万 kW，为国内已经投运机组中水头/扬程最高（755.9m）的抽水蓄能电站，并且首次在一个厂房中布置了两种不同额定转速（500r/min、600r/min）抽水蓄能机组。全部机组投产后年平均发电量 24.35 亿 kW·h，年平均抽水电量 32.47 亿 kW·h，对于改善华东电网运行条件、构建以新能源为主体的新型电力系统和清洁低碳安全高效的能源体系具有重要意义。

✦ 仙游抽水蓄能电站

电站总装机容量 120 万 kW，是国内首台完全自主研制的 500m 水头段 300MW 级抽水蓄能机组，彻底打破国外长期垄断的局面。仙游抽水蓄能电站获得抽水蓄能领域首个国家优质工程金质奖，取得省部级科技奖 6 项、国家专利 18 项。如今，福建仙游抽水蓄能电站已建成为一座绿色、环保的新能源基地，在福建电网中发挥了重要作用。

✦ 绩溪抽水蓄能电站

安徽绩溪抽水蓄能电站装机容量 180 万 kW，是国内已建成的首座完全自主设计、制造、安装、调试、运行管理的 600~700m 水头段抽水蓄能电站。

✦ 景宁抽水蓄能电站

在"双碳"目标的引领下，2022 年 11 月，华东院承接了第一个抽水蓄能电站 EPC 项目——浙江景宁抽水蓄能电站，电站建成后每年可吸纳 18.67 亿 kW·h 低谷电量，提供 14 亿 kW·h 的高峰电量，节约标准煤 27 万 t。项目的顺利实施将进一步促进华东院在抽水蓄能行业的深耕和发展，为新能源发展增势蓄能。

展望未来

华东院将继续肩负"服务工程，促进人与自然和谐发展"的企业使命，发扬"负责、高效、最好"的企业精神，秉承"为客户创造价值、与合作方共同发展"的理念，持续开拓创新，坚定不移地向国际工程公司目标执着追求，以"依法诚信"的管理理念、先进的技术和优质的服务，全力打造具有设计院特色的一流国际工程公司，实现"百年老店"的梦想。

中国电建集团贵阳勘测设计研究院有限公司（以下简称"贵阳院"）成立于1958年，是世界500强企业——中国电力建设集团有限公司重要成员企业。现有员工4000余人，持有工程勘察、设计、咨询3项综合甲级资质以及工程监理等20余项国家甲级资质，拥有水利水电、市政、建筑、电力等行业工程施工总承包壹级资质。

贵阳院是国家知识产权示范企业、国家高新技术企业，拥有国家企业技术中心、国家水能风能研究中心贵阳分中心、贵州可再生能源院士工作站、博士后科研工作站、贵州省可再生能源人才基地等科技创新和人才培养平台。先后荣获贵州省首届省长质量奖、科技和工程类奖励700余项，其中省部级以上500余项；持有有效专利2300余项，连续多年位居中国电力建设集团有限公司和贵州省前列。

贵阳院致力于服务全球清洁能源、水资源与环境、基础设施建设，具备工程建设全产业链一体化服务能力。作为贵州省两轮抽水蓄能电站规划主编单位，完成贵州省抽水蓄能电站选点规划、贵州省抽水蓄能中长期规划，相关成果已纳入全国《抽水蓄能中长期发展规划（2021—2035年）》。承担了贵州省内大部分及省外10余座抽水蓄能电站的勘测设计工作。

贵阳院将"创新驱动、数字赋能"作为发展支撑，不断进行技术创新，围绕水利水电、新能源、环境保护、市政建筑、工程安全、水风光储清洁能源基地规划、工程数字化及智能建造等业务领域，持续构建核心技术支撑体系。通过60余年的积累和沉淀，形成了10大核心技术优势。

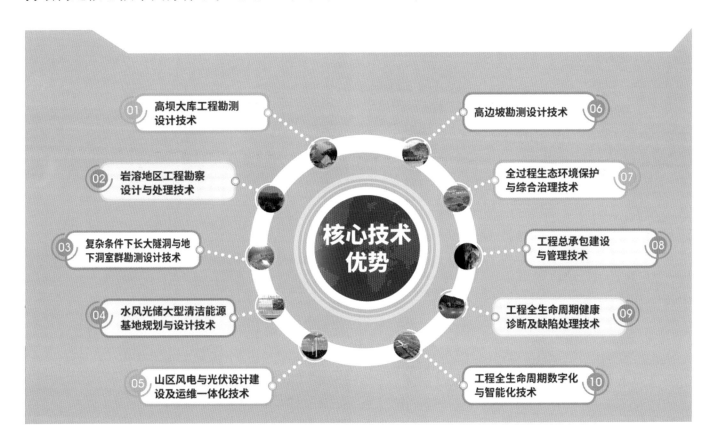

（1）抽水蓄能电站选点规划

贵阳院根据"加快规划建设新型能源体系"对发展抽水蓄能的需要，编制完成贵州省抽水蓄能电站选点规划、贵州省抽水蓄能中长期规划，相关成果已纳入全国《抽水蓄能中长期发展规划（2021—2035年）》，承担了澜沧江上游西藏段清洁能源基地、南方电网五省（自治区）抽水蓄能电站选点规划，为上述地区抽水蓄能发展奠定了基础。

（2）抽水蓄能电站勘测设计

贵阳院承担了贵阳、黔南等在建和10余座抽水蓄能前期勘测设计任务，并延伸至山西、西藏、新疆等省份。结合贵州省深山峡谷、强岩溶、水电开发程度高等特点，贵阳院在已有技术优势基础上，形成了强岩溶地区抽水蓄能、大装机容量地面厂房、超小距高比抽水蓄能、老坝利用及其安全评价等系列抽水蓄能电站勘察设计技术。

贵州贵阳抽水蓄能电站　　　　贵州黔南抽水蓄能电站

（3）抽水蓄能电站监测

贵阳院承担了浙江长龙山、山东文登、江苏句容、广东阳江、厦门抽水蓄能等国内多个抽水蓄能电站安全监测工作，创新了超高水压力下仪器电缆连接牵引施工工法，成功应用了GNSS、机器视觉以及分布式光纤等变形监测新技术，研发了工程监测云平台数字化产品，实现了大型地下洞室群施工期监测及数据处理分析自动化。

广东阳江抽水蓄能电站　　　　　　　浙江长龙山抽水蓄能电站

（4）抽水蓄能电站监理

贵阳院承担了广西南宁（1200MW）、浙江永嘉（1200MW）、浙江建德（2400MW）等抽水蓄能电站的监理工作，推动引水发电系统、上下库土建、机电设备安装工程新技术应用，研发工程监理系统管理最优工期。

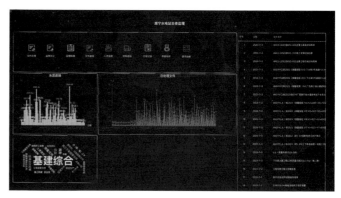

南宁抽水蓄能电站工程监理信息

（5）抽水蓄能电站数字化设计

贵阳院研发了抽水蓄能智能选址及抽水蓄能一体化智能设计平台，实现抽水蓄能规划选址至可行性研究设计和部分施工图智能设计，推进抽水蓄能的正向设计，极大提高了设计效率和设计质量，缩短了勘察设计周期。

南宁抽水蓄能电站工程监理信息

中国中铁工程装备集团有限公司
CHINA RAILWAY ENGINEERING EQUIPMENT GROUP CO.,LTD.

抽水蓄能电站
全断面开挖装备领军企业

绿色能源　定制开发　安全高效

中国中铁工程装备集团有限公司（以下简称"中铁装备"）是世界500强企业——中国中铁股份有限公司旗下工业板块的核心成员。企业承担了国家第一个盾构863计划，研制出了第一台完全自主知识产权复合式盾构机，是中国盾构/TBM行业起步较早、发展迅速、实力强劲、拥有多项核心技术和自主知识产权、市场占有率最高、海外出口盾构/TBM超过百台的专业化企业，是极具国际竞争力和影响力的中国隧道掘进机研发制造企业。

2014年5月10日，在中铁装备盾构总装车间考察时，习近平总书记强调，推动中国制造向中国创造转变、中国速度向中国质量转变、中国产品向中国品牌转变。作为"中国品牌日"发源地、隧道掘进机原创技术策源地，中铁装备研制了世界首台马蹄形盾构机、世界最大直径矩形盾构机、世界最大直径硬岩TBM、国内首台大倾角TBM、国产首台高原高寒大直径硬岩TBM等创新产品，填补了国内外行业空白。截至目前，盾构/TBM订单总数超过1600台，隧道掘进总里程超过4000km，产品远销德国、法国、意大利、丹麦、波兰、澳大利亚、新加坡等30多个国家和地区。

国内首个抽水蓄能电站
交通洞大直径TBM项目应用成功

"抚宁号"TBM是中铁装备为抽水蓄能电站量身打造的用于通风洞、交通洞施工的TBM。该设备开挖直径9.5m，设计水平转弯半径90m，整机全长85m，总重1700t。该设备克服了岩石强度高破岩问题、转弯半径小通过问题、洞线复杂出渣问题等诸多难题，于2022年10月顺利完成2208m掘进任务。该项目TBM的成功应用极大提高了大断面隧洞本质安全，为提早进入地下厂房开挖创造有利条件，创造了最高月掘进302m的佳绩。

项目名称：河北抚宁抽水蓄能电站
施工单位：中国水利水电第十一工程局有限公司
设备制造单位：中国中铁工程装备集团有限公司

大断面隧洞采用新工法，取得阶段性成果

乌海抽水蓄能电站进场交通洞、通风兼安全洞，创新性采用了小TBM导洞开挖+钻爆法扩挖方案。导洞TBM开挖断面直径3.5m，整机长度50m，施工距离约3000m，最大坡度5%，最小转弯半径100m，洞室围岩以Ⅲ、Ⅳ类为主。

该项目于2022年12月始发，2023年5月贯通，最高日进尺48m，最高月进尺919m，平均月进尺570m，创造了国内同类型TBM掘进最高纪录，为该工法顺利实施创造了绝佳条件。

项目名称： 内蒙古乌海抽水蓄能电站
施工单位： 中国水利水电第七工程局有限公司
设备制造单位： 中国中铁工程装备集团有限公司

国内首个大坡度斜井，采用全断面TBM施工，初见成效

洛宁抽水蓄能电站首创将引水上斜井、中平洞和下斜井优化成一级斜井方案，斜井纵坡38°，长度940m，开创了国内一种抽水蓄能电站建井的新模式。

用于该斜井的"永宁号"TBM，开挖直径7.23m，总重1200t，针对性解决了设备防溜、出渣、材料运输、流体液压容器自适应等技术难题，提高了设备的可靠性和耐久性，其应用将极大提升工程本质安全水平，提升成洞质量、工艺水平及开挖进度，大幅改善施工环境。项目于2023年1月始发，最高日进尺7m，目前正在高效掘进中。

项目名称： 河南洛宁抽水蓄能电站
施工单位： 中国水利水电第六工程局有限公司
设备制造单位： 中国中铁工程装备集团有限公司

勘探平洞快速开挖新模式，成效显著

福建仙游木兰抽水蓄能电站地下厂房长探洞总长1950m，其中洞口至主厂房顶长度约1400m，工程地质主要以凝灰熔岩为主，探洞施工采用TBM掘进新工艺，探洞断面直径3.5m。

该项目TBM于2022年10月20日始发，12月28日完成掘进工作，累计掘进长度1365m，将施工工期由原设计的15个月缩短至3个月，为木兰抽水蓄能项目"三大专题"审查争取了时间，加速推进了可行性研究、设计工作，为电站早日投产发电创造了有利条件。

项目名称： 福建木兰抽水蓄能电站
施工单位： 中国水利水电第十六工程局有限公司
设备制造单位： 中国中铁工程装备集团有限公司